Das Werk August Thienemanns
Die theoretische Begründung und Entwicklung der ökologischen Limnologie
und allgemeinen Ökologie zur eigenständigen Wissenschaft

Europäische Hochschulschriften
Publications Universitaires Européennes
European University Studies

Reihe XLII
Ökologie, Umwelt und Landespflege

Série XLII Series XLII
Ecologie, études de l'environnement
Ecology, Environmental Studies

Bd./Vol. 10

PETER LANG
Frankfurt am Main · Berlin · Bern · New York · Paris · Wien

Gerhard Schneller

Das Werk August Thienemanns

Die theoretische Begründung und
Entwicklung der ökologischen
Limnologie und allgemeinen Ökologie
zur eigenständigen Wissenschaft

PETER LANG
Europäischer Verlag der Wissenschaften

Die Deutsche Bibliothek - CIP-Einheitsaufnahme

Schneller, Gerhard:

Das Werk August Thienemanns : die theoretische Begründung und Entwicklung der ökologischen Limnologie und allgemeinen Ökologie zur eigenständigen Wissenschaft / Gerhard Schneller. - Frankfurt am Main ; Berlin ; Bern ; New York ; Paris ; Wien : Lang, 1993
  (Europäische Hochschulschriften : Reihe 42, Ökologie, Umwelt und Landespflege ; Bd. 10)
  Zugl.: München, Univ., Diss., 1993
  ISBN 3-631-42693-3

NE: Europäische Hochschulschriften / 42

D 19
ISSN 0930-9403
ISBN 3-631-42693-3
© Peter Lang GmbH
Europäischer Verlag der Wissenschaften
Frankfurt am Main 1993
Alle Rechte vorbehalten.

Das Werk einschließlich aller seiner Teile ist urheberrechtlich geschützt. Jede Verwertung außerhalb der engen Grenzen des Urheberrechtsgesetzes ist ohne Zustimmung des Verlages unzulässig und strafbar. Das gilt insbesondere für Vervielfältigungen, Übersetzungen, Mikroverfilmungen und die Einspeicherung und Verarbeitung in elektronischen Systemen.

Danksagung

Ich möchte an erster Stelle meinem Doktorvater Herrn Prof.Dr. Ernst Josef FITTKAU, Direktor der Zoologischen Staatsammlung München, für seine Unterstützung danken. Ohne seine fürsorgende, freizügige und stets offene Unterstützung wäre diese Arbeit nicht zustande gekommen. Ebenso möchte ich Herrn Prof.Dr. J. OVERBECK, Direktor der Max-Planck-Instituts in Plön, der mir bei meinen Plöner Besuchen, an die ich mich gerne erinnere, mit Rat und mit Tat zur Seite stand, und der die Sichtung des umfangreichen Materials der Institutsbibliothek des Plöner Max-Planck-Instituts ermöglichte, in die Danksagung miteinschließen. Auch Herrn Professor H.J. ELSTER von der Universität Konstanz, der durch sein profundes Wissen der Limnologiegeschichte und Geschichte der allgemeinen Ökologie und eine Fülle von Literatur- und Quellenhinweisen dazu beitrug, daß diese Arbeit entstehen konnte, sei an dieser Stelle gedankt, wie auch Frau Prof. Dr. B. HOPPE, die wichtige bibliographische Hinweise gab. Last, but not least möchte ich auch Frau Dr. K. PFÖRRINGER für ihre offenherzige und bereitwillige Auskunft und ihre herzliche Gastfreundschaft bei meinen Besuchen in Regensburg danken. Frau Dr. Karin PFÖRRINGER gab mir die Gelegenheit, die Teile des Nachlasses zu sichten, die in keiner Bibliothek mehr aufliegen und die für einen tieferen Einblick unerläßlich waren.

Inhaltsverzeichnis

0. Einleitende Bemerkungen 9
1. Der Student THIENEMANN 14
2. Abwasser- und Fischereibiologie: Die angewandte Biologie als Quelle der Limnologie und allgemeinen Ökologie 17
   2.1. Entwicklungsgeschichte der Abwasserfrage 17
   2.2. Die Auswirkungen der Abwasserfrage auf Recht und Gesellschaft............19
   2.3. Die wissenschaftlich-biologische Antwort auf die Umweltproblematik: die angewandte Ökologie 23
      2.3.1. Die Abwasserbiologie 23
      2.3.2. Abwasserverschmutzung und Fischereibiologie 26
      2.3.3. Limnologie und Wasserwirtschaft 28
3. Exkurs: Ökologie als gesellschaftliches Korrektiv..30
   3.1. Ökologische versus romantizistische Naturauffassung in der Pädagogik: Die Kontroverse JUNGE - SCHMEIL...32
   3.2. THIENEMANN im Lichte der modernen Ökopädagogik 34
4. Die philosophischen Grundlagen der Ökologie THIENEMANNs und die Elementarform des ökologischen Denkens 37
   4.1. Aufgabe und Zwecksetzung der Ökologie: Einheit von Denken und Handeln als Konsequenz THIENEMANNs aus der angewandten Ökologie.............37
   4.2. Kritische Selbstreflexion der biologischen Wissenschaftler im Hinblick auf den Sinn der Wissenschaft: Theoretische Biologie 38
   4.3. Erste Konsequenzen der Theoretischen Biologie: Der Sinn in der Natur liegt im Organismus 40
      4.3.1. Vitalismus 40
      4.3.2. Die Ordnung der Natur als Verhältnis der subjektiven Umwelt zum Organismus: Die Funktionskreise UEXKÜLLs....................................43
   4.4. Der Holismus 46
      4.4.1. Der metaphysische Holismus..47
      4.4.2. THIENEMANNs Grundlegung der allgemeinen Ökologie aus der holistischen Einheit von Natur und Mensch und deren psychologische Präsenz im Naturgefühl..48
   4.5. Der Streit um die Wissenschaftlichkeit der Ökologie..................................51
      4.5.1. Max HARTMANNs Position der allgemeinen Biologie 51

4.5.2. THIENEMANNs Replik: Ökologie ist Wissenschaft 52
5. Die allgemeine Ökologie THIENEMANNs 55
5.1. Zur Ökologie HAECKELS 55
5.2. Die allgemeine Ökologie THIENEMANNs 56
5.2.1. Autökologie 57
5.2.2. Von der Autökologie zur Synökologie: Die Biozönose und ihre Gesetze 59
5.2.2.1. Der Begriff der Biozönose bei MÖBIUS 60
5.2.2.2. Definition der Biozönose 60
5.2.2.3. Grundgesetzmäßigkeiten oder Hauptmerkmale der Biozönosen 62
6. Die ökologische Limnologie 69
6.1. Vorarbeiten zur ökologischen Seenkunde 69
6.2. Limnologie und Ökologie 74
6.2.1. Die idiographische Stufe 75
6.2.2. Die cönographische Stufe 76
6.3.3. Die limnologische Stufe 77
7. Seetypenlehre und Produktionsbiologie 79
7.1. Die Hydrobiologie als Vorbereitung zur Limnologie: Die Eifeler Maare 79
7.2. Erste Konsequenzen aus den Untersuchungen im Hinblick auf die Seetypologisierung 81
7.3. Der Trophiegrad als Unterscheidungskriterium 82
7.4. Vergleich verschiedener Seetypenmodelle 85
7.5. Tropische Seen und das Problem der Seetypenlehre 88
8. Produktionsbiologie 95
8.1. Produktion und Trophiegrad 98
8.2. Stoffwechsel- und Energiehaushalt - Abschließendes zum Produktionsbegriff 100
9. Der Ökosystembegriff 101
9.1. Die Konzeption des Ökosystems bei A.G. TANSLEY 102
10. Die Tiergeographie THIENEMANNs - die Weiterentwicklung der tiergeographischen Wissenschaft zur ökologischen Wissenschaft 109
10.1. Die Verbreitung als Resultat der Lebensbedingungen 110
10.2. Die selektionstheoretische Tiergeographie 111
10.3. Selektionstheoretische und ökologische Tiergeographie 114

10.4. Die kausale Tiergeographie 117
10.5. Das tiergeographische Modell der Ökologie - die Verbreitungsökologie 118
10.6. THIENEMANN und die moderne Biogeographie 123
11. Die Begründung der Ökologie durch August THIENEMANN im Lichte von Kontinuität und Wandel - Abschließende Bemerkungen 125
Zusammenfassung 133
Literaturverzeichnis 136

0. Einleitende Bemerkungen

Diese Arbeit über das Werk August THIENEMANNs beansprucht, ein Stück Theoriegeschichte der Ökologie in ihrem Entstehungszusammenhang zu zeigen. Sie will begrifflich und historisch die wesentlichen Schritte dieses Entstehungszusammenhangs aufzeigen und einordnen. Die Bedeutung, die THIENEMANN für die Entwicklung der ökologischen Limnologie und Ökologie hat, wird aus der Arbeit selbst hervorgehen. Es sei der Vollständigkeit halber erwähnt, daß es eine Reihe wissenschaftsgeschichtlicher Arbeiten gibt, in denen THIENEMANN als Gründer der deutschen Limnologie bzw. Erbe oder Vollender der FORELschen Limnologie erwähnt wird[1], daß aber in diesen Untersuchungen das Werk THIENEMANNs nicht explizit behandelt wird. Arbeiten, die dem Werk THIENEMANNs breiteren Raum geben, gibt es von STELEANU, LEPS und ELSTER[2]. Wir haben daher auf eine ausführliche, gesonderte Aufzählung und Besprechung der Literatur, in der THIENEMANN in irgendeiner Weise erwähnt wird, verzichtet und die Autoren an betreffender Stelle aufgeführt.

Dabei geht diese Arbeit über die erwähnten Arbeiten von STELEANU, LEPS und ELSTER hinaus, indem sie die Rolle THIENEMANNs für die Entwicklung der allgemeinen Ökologie hervorhebt und dabei den philosophie- bzw. geistesgeschichtlichen Rahmen stärker miteinbezieht. Die Rolle der naturphilosophischen Wurzeln der Ökologie hat vor allem TREPL herausgearbeitet, der seine Darstellung der Ökologiegeschichte an der Frage orientiert,

"wie sich im Verlaufe ihrer Geschichte jene Momente der Ökologie entwickelt haben, die exakte von historischen Wissenschaften scheidet."[3]

Berücksichtigt werden hierbei all die Themenkreise, die für die Gründung und Entwicklung der Ökologie durch August THIENEMANN wesentlich sind. Es ist dabei besonders darauf Wert gelegt worden, den inneren Zusammenhang des Werkes mit den unterschiedlichen historischen Bedingungen begrifflich darzulegen[4].

Die für das Werk THIENEMANNs wie für die Entstehung der Ökologie gleichermaßen wesentlichen Themenkreise sind: a) die angewandte Forschung, b) die philosophisch-weltanschauliche Diskussion um den Holismus, c) die Einführung des ganzheitlichen Denkens in die Biologie, die biozönotischen Gesetze und die Entwicklung der allgemeinen Ökologie, d) die Anwendung des ganzheitlich-holistischen Standpunktes auf ein Arbeitsgebiet der Biologie, wie die Entwicklung der ökologischen Limnologie als Fortführung der geographischen Seenkunde FORELs, e) das vor allem seit den 50er Jahren diskutierte Verhältnis von Ökologie und Evolutionstheorie.

---

1) So z.B. die Arbeiten von ALLEE/EMERSON/PARK 1949; EGERTON 1963, 1977, HASLER 1964, FREY 1963, RIGLER 1975
2) STELEANU 1989, LEPS 1980, ELSTER 1958, 1962, 1974a,b
3) TREPL 1987,28
4) Siehe dazu auch McINTOSH 1985,26

Ad a) Dieser Themenkreis wird vor allem von Autoren, die den Zusammenhang von Umweltproblematik und ökologischem Denken zeigen wollen, berücksichtigt. Sie verweisen in ökologiegeschichtlichen Rückblicken auf die bedeutsame Rolle der angewandten Ökologie als Ausgangspunkt der ökologischen Wissenschaft[5]. Im THIENEMANNschen Denken ist der Zusammenhang von angewandter Forschung, Umweltbewußtsein und der Forderung nach ökologischer Forschung von Beginn an lebendig. Es läßt sich an seinem Werk immanent zeigen, daß die Ökologie vor dem Hintergrund der industriellen Produktion erst ihre praktische Aufgabenstellung erhält, die heute von der angewandten Biologie, als deren Teil die angewandte Ökologie fungiert[6], ausgeführt wird.

Ad b) Vom Standpunkt der Naturphilosophie stellt die Ökologie ein geistesgeschichtliches Konzept dar, dessen Wurzeln tief in der Philosophiegeschichte verankert sind. Ein eindrucksvolles Beispiel für diesen Ansatz gibt die Arbeit über die geistesgeschichtlichen Grundlagen der Biologie[7] von MEYER-ABICH, der die Ökologie auf die Monadologie von LEIBNIZ und die medizinische Philosophie PARACELSUS zurückführt. LEPS und TREPL konstatieren den Zusammenhang von philosophischen Denken und Ökologie, der auch in der modernen Diskussion immer noch aktuell ist[8]. Allerdings darf die geistesgeschichtlich verfahrende Betrachtungsweise, die die philosophischen Implikationen des THIENEMANNschen Werkes herausarbeitet, nicht vereinseitigt werden, so daß der Blick auf andere wichtige Entstehungsmomente verstellt wird, wie dies bei MEYER-ABICH geschieht, der sowohl die Rolle der angewandten Ökologie wie auch die der empirischen Wissenschaften übergeht. Diese Einseitigkeit MEYER-ABICHs beruht vorwiegend darauf, daß er die gesamte Biologie als Naturphilosophie, die sich um die Beantwortung der metaphysischen Frage nach dem Ursprung des Lebens bemüht, versteht. Das Mangelhafte eines solchen Verfahrens wollen wir am Streit zwischen Max HARTMANN und THIENEMANN exemplarisch besprechen. Es dreht sich hierbei auch um die von TREPL angesprochene Frage nach dem Zusammenhang von Ideologie und Wissenschaft, um es in TREPLs Terminologie auszudrücken.

Ad c) Die allgemeine Ökologie THIENEMANNs stellt in ihren Anfängen die Weiterführung der holistischen Betrachtungsweise zur ökologischen Wissenschaft dar. In der ökologiegeschichtlichen Literatur steht dafür häufig der Biozönosebegriff, der von MÖBIUS eingeführt und von THIENEMANN um die biozönotischen Grundprinzipien erweitert wurde. Das Biozönosekonzept bildet nicht nur das Herzstück der frühen allgemeinen Ökologie THIENEMANNs, sondern - diese These wird in dieser Arbeit verfolgt - auch die erste wissenschaftliche Anwendung des philosophischen Ausgangspunktes auf die Biologie und damit den Punkt in der Entwicklung, an dem die metaphysische Ausgangsposition verlassen wird.

---

5) SCHRAMM 1984; KÜPPERS/LUNDGREEN/WEINGART 1978; BÖHME/GREBE 1980
6) KLÄMBT/KREISKOTT/STREIT 1991
7) MEYER-ABICH 1963
8) Siehe dazu CHISHOLM 1972

Es sei hier noch eine Bemerkung zu Ansätzen erlaubt, die in der Pflanzengeographie, vor allem in WARMINGs 1898 erschienener Arbeit, die ersten ökologischen Arbeiten entstehen sehen. Denn in der Tat hat diese Ansicht viel Plausibilität auf ihrer Seite. So ist in der ökologischen Pflanzengeographie der Faktor Umwelt von ausschlaggebender Bedeutung. Aber die Pflanzengeographie bezieht nicht alle Organismen in sich ein. Denn sie verfährt nicht ganzheitlich in dem Sinne, daß sie die gesamten Umweltbeziehungen begreift, sondern ausschließlich autökologisch in bezug auf das Pflanzenreich. Zudem sind Pflanzen nur *ein* produktiver Faktor in einem Ökosystem. Um also zu einer allgemeinen Ökologie zu gelangen, ist der Gesichtspunkt, der das Leben in seiner Gesamtheit umfaßt, erst noch einzuführen. Daher wird in dieser Arbeit die These zu rechtfertigen sein, daß erst mit der holistischen Sichtweise die allgemeine Ökologie entstehen konnte.

Ad d) Zugleich wollen wir den Themenkreis miteinbeziehen, der THIENEMANNs Werk vor allem vor dem Hintergrund der Begründung der Limnologie betrachtet. Er wird zumeist von Autoren, die selbst auf einem Gebiet der Ökologie wissenschaftlich arbeiten, wie beispielsweise der Limnologe ELSTER[9], behandelt. Diese begreifen die Entwicklung der Ökologie vor dem Hintergrund einer wissenschaftlichen Problemlösung. Zuletzt hat hier STELEANU in Bezug auf THIENEMANN eine Arbeit vorgestellt, an die wir hinsichtlich der problemgeschichtlichen Darstellung anknüpfen. THIENEMANN wird hierbei vorwiegend als Vollender der FORELschen Limnologie[10] bzw. als Gründer einer ökologischen Limnologe betrachtet. Ein Schüler THIENEMANNs hat diese Leistung bereits hervorgehoben:

"Nicht die 'Kleinarbeit', die in allen diesen Veröffentlichungen Thienemanns ihren Ausdruck fand, war das Wesentliche dieser Periode seines Schaffens. Seine an den verschiedensten Gewässerformen gewonnenen Ergebnisse und Einblicke schufen die Basis für die Begründung größerer Zusammenhänge, waren der Auftakt zu einer Weiterführung der 'Hydrobiologie' zur 'Limnologie'."[11]

Dieser Ansicht wollen wir in der Arbeit noch den Nachweis hinzufügen, daß der hier von FEUERBORN gekennzeichnete Übergang von der Hydrobiologie zur Limnologie eine ganzheitliche Sichtweise unterstellt, die sich an Seen in hervorragender Weise durchführen ließ.

Andere Arbeiten, die die Entstehung der Limnologie auf dem amerikanischen Kontinent bearbeiten, gruppieren sich um das Werk von BIRGE bzw. JUDAY und BIRGE. Hierbei ist im Vorgriff auf die Darlegung zu bemerken, daß BIRGEs Studien zwar zur Einsicht der "physiologischen Einheit" See führten, daß aber hierbei noch die physiographischen Faktoren - so THIENEMANNs Bezeichnung - im Vordergrund stehen. In der vorliegenden Arbeit wird die These verfolgt, daß im Hinblick auf eine

---

9) ELSTER 1962, 1974a,b; Vgl. HASLER 1945
10) EGERTON 1983a,b
11) FEUERBORN 1932,3

allgemeine Ökologie und ökologische Limnologie BIRGEs Untersuchungen eine wesentliche Vorstufe des THIENEMANNschen Werkes bildet.

Ad e) Vor allem seit der Begründung einer "Evolutionary ecology" wird der Zusammenhang der Evolutionstheorie DARWINs und der Entstehung der Ökologie diskutiert[12]. Dabei sollen vor allem die darwinistische Theorie und die Ökologie zusammengeführt werden. Als Beitrag zu diesem Themenkreis soll anhand der Tiergeographie THIENEMANNs gezeigt werden, daß die Differenzen von darwinistischer Selektionstheorie und der Verbreitungsökologie vorwiegend auf ideologischen Mißverständnissen beruhen. So kann zwar die Rückführung des Ursprungs der Ökologie auf DARWIN die Tatsache geltend machen, daß auch DARWIN von der Idee des Naturhaushalts ausging, aber dennoch ist zu berücksichtigen, daß die Erklärungsabsicht DARWINs nicht auf ökologische Gesetzmäßigkeiten abzielt. Vielmehr wird in dieser Arbeit die Ansicht dargelegt, daß die Einheit der beiden angeblich konfligierenden biologischen Disziplinen bereits in der Tiergeographie realisiert ist.

Zum Plan der Arbeit

Da mit dieser Arbeit die Absicht verknüpft ist, die synthetische Einheit der verschiedenen Problemfelder in THIENEMANNs Werk darzulegen, sei als ihr Leitgedanke das Leitmotiv THIENEMANNs vorangestellt.

"Schon damals regte sich in mir im Unterbewußtsein wohl ein Ahnen von dem, was mir in späteren Jahren zur festen Überzeugung geworden ist: der naturverbundene Biologe kann wahres Verständnis auch für das kleinste Teilgeschehen in der Natur nur gewinnen, wenn er den Blick für das Ganze nie verliert, wie er auch andererseits (WAGGERL hat es einmal so ausgedrückt) 'vergeblich das Ganze zu gewinnen sucht, wenn er es nicht schon in seinem geringsten Teile begreift'. Daher wird ihm die Landschaft so wichtig, die Landschaft als Ganzes." [13]

THIENEMANNs Leitmotiv, das Ganze der Natur zu verstehen, bildet selbst den roten Faden, an dem die verschiedenen Topoi der Gründungsphase der Limnologie- und Ökologiegeschichte, soweit sie von THIENEMANN geschrieben wurde, entwickelt werden sollen. Diese Arbeit kann also auch als Versuch verstanden werden, den Beweis zu führen, daß anhand dieser Leitidee die Ökologie wie die Limnologie THIENEMANNs zu entwickeln sind und sich von daher das THIENEMANNsche Werk selbst als in sich notwendiger und schlüssiger Zusammenhang verstehen läßt.

Zum einen wird versucht, die gesellschaftlichen Grundlagen der Ökologie darzustellen. Darunter sind die Verhältnisse zu verstehen, die die Notwendigkeit der angewandten Ökologie hervorbrachten: in unserem Falle die Verschmutzung der Gewässer als lebensnotwendiger Grundlage menschlicher Produktion und Reproduktion. Es soll dabei auch der intuitive Weitblick des Biologen THIENEMANN herausgearbeitet

---

[12] COLEMAN 1986, COLLINS 1986, COLLINS/BEATTY/MAIENSCHEIN 1985, EMLEN 1973, GÖTZ/KNODEL 1980, HARPER 1967, MAYR 1984, PINKA 1974, WORSTER 1985
[13] THIENEMANN 1959,32

werden, der schon zu damaliger Zeit Einsichten formuliert hat, die selbst im Jahre 1991 noch als modern gelten.

Die zweite Abteilung widmet sich der philosophisch-geistigen Grundlage der THIENEMANNschen Ökologie und den in der allgemeinen Ökologie gezogenen Konsequenzen. Diese Abteilung ist nicht wie die erste problemgeschichtlich, sondern ideengeschichtlich orientiert. Hier kommt es vor allem darauf an, nachzuvollziehen, auf welche Weise der Gedanke der Ganzheit als weltanschaulicher und später wissenschaftlich geläuterter Holismus entsteht und so aus weltanschaulichem Denken die Elementarform des ökologischen Denkens herauswächst. Es soll gezeigt werden, wie die naturphilosophische Begründung ihre spekulativen Schalen abstreift und zur wissenschaftlichen Ökologie heranreift.

Die dritte Abteilung ist rein wissenschaftsgeschichtlich. Sie geht von den seenkundlichen Vorläufern THIENEMANNs aus und versucht den Übergang von der geologisch-geographischen in die ökologische Seenkunde zu erläutern. Es ist hierbei zu zeigen, wie aus der Seentypenlehre THIENEMANNs die Produktionsbiologie entsteht und wie daraus wiederum die moderne Ökosystemkonzeption via funktionalistische und energetische Betrachtung entwickelt wurde. Denn gerade an dieser wissenschaftsgeschichtlichen Nahtstelle dokumentiert sich, daß THIENEMANN mit Recht als ein wesentlicher Gründungsvater der ökologischen Theorie begriffen werden kann und muß. In diesen theoretischen Rahmen gehört abschließend auch ein Kapitel über die Tiergeographie THIENEMANNs, das den biologiegeschichtlichen Rahmen, in dem THIENEMANN zu sehen ist, aufzeigen will, indem es einen weiten Bogen von DARWIN über THIENEMANN zur modernen Biogeographie spannt. Hierbei ist es wichtig, die synthetische Leistung des ökologischen Denkens auf dem Gebiet der Wissenschaft darzulegen, also zu zeigen, auf welchem Wege aus Geographie, Planktonforschung, Chemie u.v.a. bei der Betrachtung der Seen eine einheitliche, und damit ökologische Wissenschaft entstanden ist.

Mit den verschiedenen Darstellungsweisen soll auch den verschiedenen Aspekten, dem inhaltlichen Reichtum des THIENEMANNschen Werkes entsprochen werden; denn die Ökologie geht nicht in Biologie auf, sondern verfügt über verschiedene Dimensionen und hat daher - und das beweist sich am Werk THIENEMANNs - philosophische, pädagogische, biologische, gesellschaftlich-praktische, ja mit Einschränkung sogar politische Bedeutung.

Zur Form der Arbeit

Auf eine explizite Referierung der Lehrbücher und großen Schriften THIENEMANNs ist verzichtet worden, um die Darstellung nicht mit Material zu belasten, das der Darlegung der Systematik nicht dient. Unterstellt wird also die Kenntnis der in der Ökologie und Limnologie verbreiteten Theorien und Termini, wie sie in modernen Standardwerken und Einführungsbüchern verwendet werden.

Um die bibliographischen Hinweise so übersichtlich wie möglich anzubringen und andererseits die Lesbarkeit der Arbeit so gut wie möglich zu gestalten, sind die Literaturangaben in der für narurwissenschaftliche Veröffentlichungen üblichen Form in Fußnoten aufgeführt. Die ausgeführte Bibliographie ist dem Anhang zu entnehmen.

1. Der Student THIENEMANN

Wenngleich diese Arbeit die persönliche Biographie August THIENEMANNs außer acht läßt, da er selbst eine ausführliche Autobiographie veröffentlicht hat[14], seien sich auf die Studienzeit THIENEMANNs beziehende Bemerkungen vorangeschickt, die zeigen, daß ihm Biologie nie bloßes Handwerk, sondern zugleich eine Lebenseinstellung war.

August THIENEMANN wurde am 7. September 1882 in Gotha geboren. Sein Elternhaus würde man nach heutigen Maßstäben als gutbürgerlich bezeichnen, der Vater war Besitzer eines Verlagshauses, und die materielle Situation der Familie THIENEMANN erlaubte dem Studenten THIENEMANN einige wichtige Studienaufenthalte in Innsbruck und Heidelberg. Die ersten naturkundlichen Anregungen erhielt THIENEMANN durch seinen Naturkundelehrer Leopold RAUSCH[15]. Der Schüler THIENEMANN begann eine Pflanzensammlung anzulegen, und als Primaner studierte er alte Kräuterbücher von BRUNFELS, BOCK und FUCHS. Sein Interesse an Insekten begann mit der Untersuchung und dem Sammeln von Käfern. Bereits im Alter von 10 Jahren sammelte THIENEMANN bei zahlreichen Ausflügen Pflanzen, Käfer und Versteinerungen. Die kindliche Liebhaberei reifte nach dem Abiturexamen 1901 zum Entschluß, Biologie zu studieren. Vor die Wahl gestellt, Buchhändler zu werden oder Naturwissenschaften zu studieren, entschied sich der 18jährige für das Studium der Naturwissenschaft an der Universität Greifswald.

In der Studienzeit entfaltete THIENEMANN auch kulturelle und geistige Interessen. Er selbst hatte das Violinspiel gelernt, und seine Vorliebe für GOETHEs Literatur war selbst seinen Schülern[16] geläufig. In wissenschaftlichen Publikationen erschienen bisweilen literarische Arbeiten wie RAABEs "Pfisters Mühle" oder VISCHERS "Auch einer". Auch der Philosophie, die sich ihm während seiner Studienzeit eröffnete, galt sein besonderes Interesse. Durch die Beschäftigung mit Erkenntnistheorie und Logik unter der Leitung des Philosophen Wilhelm SCHUPPE gewann schon während seiner Studienzeit die Einsicht Raum, daß die Naturwissenschaft einer notwendigen philosophischen Fundierung bedarf.

> "Die Überzeugung, daß kein Naturwissenschaftler eine gründliche philosophische Schulung entbehren kann, festigte sich in mir damals schon so, daß ich als zweite der Thesen, die ich bei meiner Promotion öffentlich verteidigen mußte, diese aufstellte: 'Beschäftigung mit Philosophie, und zwar speziell Erkenntnistheorie, ist von jedem Studierenden der Naturwissenschaf-

---

14) THIENEMANN 1959
15) THIENEMANN 1959,13
16) FITTKAU mündl.

ten im Interesse seiner Spezialdisziplin *unbedingt* (Hervorhebung von THIENEMANN) zu fordern.'"[17]

Im Interesse seiner Spezialdisziplin forderte THIENEMANN methodologischen Weitblick ebensosehr wie die Verpflichtung auf das persönliche Ethos. Als THIENEMANN das Verdienstkreuz des Verdienstordens der Bundesrepublik Deutschland im Jahre 1952 vom damaligen Innenminister PAGEL überreicht wurde, bemerkte THIENEMANN: "Ein wahrer Forscher arbeite und forsche nicht, weil er wolle, sondern weil er müsse"[18]. Die Beobachtung, daß THIENEMANN trotz aller späten Ehrungen, "die Grundzüge seines liebenswerten und stillen Wesens"[19] zeigte, belegt nur einmal mehr, daß der Untertitel von THIENEMANNs Autobiographie "Ein Leben im Dienste der Biologie" gelebte Einstellung sans phrase war.

Die Tiroler Zeit ist in ökologischer Hinsicht von Bedeutung. Im Rahmen seiner Studie über *Orphnephila testacea* beschrieb THIENEMANN erstmalig die Fauna hygropetrica, die Lebensgemeinschaft der mit Wasser schwach überströmten Felswände. Es war dem Studenten THIENEMANN also schon während seiner Ausbildung wichtig, nicht nur den einzelnen Organismus zu untersuchen, sondern darüber hinaus charakteristische Faunen zu erkennen.

Ab 1903 studierte THIENEMANN in Heidelberg, und durch die Begegnung mit LAUTERBORN reifte die Einstellung, daß der Blick für die Landschaft als Ganzes ein wesentlicher Bestandteil der Biologie, d.h. der Erkenntnis des lebenden Organismus ist.

"Ohne das heute zum Schlagwort gewordene Wort "Ganzheit" zu brauchen, sah er (LAUTERBORN, d.V.) die Landschaft stets als Ganzes an, in das jeder Einzelorganismus und alle Einzelorganismen eingegliedert ist."[20]

Erste Bekanntschaft mit den Naturkundlern FOREL, WASMANN und DRIESCH machte THIENEMANN auf dem Zoologenkongreß im August 1903. Im Jahre 1905 schloß August THIENEMANN seine Studienzeit mit einer Promotion über die Trichopterenpuppe ab. Die mit der Arbeit verfolgte Fragestellung leitete sich aus einer Unterscheidung der Puppenorgane ab, die das Verhältnis von Organismus und Lebensbedingungen betraf. Denn

"Sämtliche Puppenorgane lassen sich in 2 Gruppen teilen: 1. in solche Organe, die nur Vorläufer der Imaginalorgane sind, und 2. in solche, die ent-

---

17) THIENEMANN 1959,28
18) Kieler Nachrichten, 3.11.1952. Nr 256. S.4
19) Volkszeitung, v. 1.11.1952
20) THIENEMANN 1959,38

weder nicht ausschließlich oder überhaupt nicht Vorläufer von Imaginalorganen sind, 'sondern sich als Anpassungen an die besonderen Erfordernisse des Lebens der Puppe darstellen'[21]"[22]

Die in der Dissertation gestellte

"Frage, deren Lösung wir zu finden streben, wird also lauten: Wie ist es zu verstehen, welches ist der Grund dafür, daß die Puppe der Trichopteren nicht nur ein Abbild der Imago darstellt, sondern mannigfache Bildungen zeigt, die der Imago durchaus fehlen?"[23]

Der Blickpunkt der Untersuchung kennzeichnete bereits das Interesse, die Bildung der Organe als Ausdruck der Lebensbewältigung der Organismen zu betrachten. Der Untersuchungsgesichtspunkt war also autökologischer Natur. Dieses Erkenntnisinteresse wurde für THIENEMANN maßgeblich. Vor allem seine letzte große Arbeit über die Biologie der Chironomiden zeigt, daß THIENEMANN[24] diesem Interesse sein Leben lang treu geblieben war.

---

21) THIENEMANN 1904c,724
22) THIENEMANN 1905,494
23) THIENEMANN 1905,494
24) THIENEMANN 1954

2. Abwasser- und Fischereibiologie: Die angewandte Biologie als Quelle der Limnologie und allgemeinen Ökologie

Am Anfang von THIENEMANNs wissenschaftlicher Laufbahn standen die Abwasser- und die Fischereibiologie, zwei Bereiche der angewandten Ökologie, die beide am Beginn ihrer Entwicklung standen. Obgleich der Terminus *"angewandte Ökologie"* eine allgemeine Ökologie vorauszusetzen scheint, verhält es sich historisch umgekehrt.

Dies spiegelt sich auch in THIENEMANNs Biographie wider, der nach dem Studium der Biologie in Greifswald bei G.W. MÜLLER von 1907 bis 1917 in Münster als Leiter der Biologischen Abteilung der Landwirtschaftlichen Versuchsstation Probleme der angewandten Biologie in Angriff nahm. Die angewandte Ökologie ist der Ausgangspunkt sowohl für die allgemeine Ökologie wie auch für die Seetypenlehre, die neben der Produktionsbiologie das theoretische Grundgerüst der ökologischen Limnologie bildete; denn bei der Erstellung der Seetypenlehre

"wies die Abwasserbiologie den Weg, und es zeigte sich wieder einmal, wie die reine theoretische Wissenschaft von der angewandten Wissenschaft befruchtet werden kann." [25]

August THIENEMANN wurde in seiner zehnjährigen Tätigkeit von 1907-1917 als Abwasser- und Fischereibiologe Zeuge zunehmender Umweltbelastung, die die angewandte Ökologie notwendig machte[26].

2.1. Entwicklungsgeschichte der Abwasserfrage

Die Folgeerscheinungen industrieller Massenproduktion zeigten sich im Mutterland der Industrialisierung bereits im frühen 19. Jahrhundert.

"Die epochemachenden industriellen Erfindungen überstürzten sich geradezu. Sie gaben Anlaß zur Errichtung von Fabriken, die sich an den Stromläufen ansiedelten, um die Wasserkräfte auszunutzen und das Flußwasser für ihre besonderen industriellen Zwecke zu verwerten, z.B. zum Auswaschen gefärbten Tuches, zum Weichen tierischer Felle, zur Herstellung des Papierbreis usw. Aber sie leiteten auch allen abschwemmbaren Unrat einschließlich der Fäkalien in den Fluß." [27]

Natürliche Fließgewässer boten so der großen Industrie, der die Bevölkerung und damit die Städte folgten, die Möglichkeit, ohne zusätzliche Aufwendungen für Kanalbau, Ableitungssysteme, Sammelbecken, Transport durch Eisenbahn oder per Straße

---

25) THIENEMANN 1959,66
26) THIENEMANN 1956
27) DUNBAR 1954,5

u.a. die überflüssig gewordenen Produktionsabscheidungen abzuleiten. Mochte damit die Frage der "Entsorgung" für den einen Industriellen erledigt sein, so war das Beseitigungsproblem nun dem restlichen Teil der Anlieger aufgebürdet, und bei kumulierender Menge an Abfallstoffen stellte sich die Frage der Entsorgung auf erweiterter Grundlage.

"In Leeds und Umgebung wurden alljährlich mehrere Millionen tierischer Felle verarbeitet. Alle abschwemmbaren Schmutzstoffe, die sich dabei ergaben, gingen in den Fluß. Außer den Gerbereien siedelten sich die Wollverarbeitungsfabriken in der Gegend an, Färbereien und Papierfabriken und viele andere Industriezweige, die große Mengen fäulnisfähiger Abwässer produzierten und in die Flüsse schwemmten." [28]

Als mit zeitlicher Verzögerung die Industrialisierung in Deutschland erfolgte, setzte die analoge Entwicklung ein. In den Zentren der sich in Deutschland entwickelnden Industrie, so z.B. im Emschertal, das den Kern des Rheinisch-Westfälischen Gebietes zwischen Ruhr und Lippe bildete und ein Entwässerungsgebiet von etwa 800 qkm umfaßte[29], entstanden Hochöfen, Gußstahlfabriken, Hütten, Maschinenbauanstalten usw., die 1850 nicht nur zu einer ersten Blüte des Kohlebergbaus führten, sondern auch zur Belastung der als Abwassersysteme verwendeten Fließgewässer in einem bis dahin ungekanntem Ausmaß. Zudem zeitigte das Ansteigen der Einwohnerzahlen - mit der Entwicklung der Industrie wuchs die Zahl der Einwohner im Zeitraum von 1880 bis 1900 um beinahe das Dreifache an - seine Wirkung.

"Die sämtlichen Zuflüsse zur Emscher wurde so verunreinigt, daß sie Schmutzwasserkanälen glichen."[30]

Die staatlicherseits getroffenen Teilmaßnahmen vermochten dabei die zunehmende Verschmutzung der Flüsse nicht erträglich zu machen.

"Im Jahre 1889 wurde eine staatlichen Emscher-Regulierungskommission eingesetzt, die im ganzen etwa 6 Millionen Mark für die Trockenlegung versumpften Geländes aufwendete. Der Erfolg war ungenügend. Abwasserreinigungsanlagen konnten wegen mangelnden Gefälles nicht ausgeführt werden, wo sie nötig waren. Von 56 Krankenhäusern z.B. entließen 27 ihre Abwässer ungereinigt in den Fluß, die übrigen hatten fast durchweg mangelhafte Kläranlagen. Die Kohlezechen hatten Absitzbecken, meist waren sie ganz verschlammt. Bei Hochwasser wurde die Umgebung des Flußwassers mit Unrat überschwemmt. Als Folge hiervon betrachtete man es, daß Ruhr und Typhus in der Gegend wiederholt schlimm hausten." [31]

---

28) DUNBAR 1954,6
29) DUNBAR 1954,7
30) DUNBAR 1954,8
31) DUNBAR 1954,8

Neben den vermehrten Gefahren für die Gesundheit der gesamten ansässigen Bevölkerung hatte die zunehmende Verschmutzung der Gewässer mit städtischen und industriellen Abwässern auch Folgen für die Erträge der Fischereiwirtschaft. Allein den Tätigkeitsberichten THIENEMANNs an der Landwirtschaftlichen Versuchsstation Münster in Westfalen aus dem Jahre 1909[32] ist eine Vielzahl von Zerstörungen natürlicher Gewässer zu entnehmen: Abwässer einer Papierfabrik im Olpebach und der Hundem töteten alles Leben im Wasser. Das Platzen eines Säurebehälters der Zeche "Werne" hatte Fischsterben in der Lippe und Forellensterben in der Hoppecke zur Folge. Diagnose und Erforschung von Fischkrankheiten wie die Fleckenkrankheiten des Bachsaiblings, das Absterben der Salmonidensetzlinge und die Drehkrankheit der Regenbogenforelle und des Bachsaiblings gehörten schon zum alltäglichen Arbeitsfeld des Biologen THIENEMANN. Die im "Jahresbericht des Fischerei-Vereins für Westfalen und Lippe für das Jahr 1909/10"[33] enthaltenen Vorschriften bei Fischsterben (Jahresbericht 1909/18ff) dokumentieren, daß die Zahl der Fälle von Fischsterben in natürlichen Gewässern zunahm, wie auch die ansteigende Zahl der in ihrem Erscheinungsbild vielfältiger werdenden Schädigungen am Fischbestand auf die Wasserverunreinigungen zurückzuführen waren.

Neben der Fischereiwirtschaft stellte auch die Landwirtschaft fest, daß die Versorgung mit brauchbarem Wasser durch die in den Boden und ins Grundwasser gelangenden Abwässer keine Selbstverständlichkeit mehr war. So wurde die Industrialisierung in der Folgezeit von Protestaktionen der Grundbesitzer und landwirtschaftlichen Pächter begleitet. In Sachsen beispielsweise protestierte die Landwirtschaft - meist mit Unterstützung politischer Abgeordneter, Bürgermeister und anderer örtlicher Honoratioren - gegen die schädliche Versalzung des Bodens[34], die als Folge der Ableitung von Endlaugen durch die ansässige Kaliindustrie in die natürlichen Fließgewässer entstanden war.

2.2. Die Auswirkungen der Abwasserfrage auf Recht und Gesellschaft

Interessensgegensätze zwischen den verschiedenen Anliegern und Benutzern der Gewässer konnten nicht ausbleiben. Denn natürlich versuchten alle betroffenen Anlieger, für die ihnen entstandenen Schädigungen entweder Wiedergutmachung zu erlangen, oder sie forderten die Beseitigung der Schadensquelle ein. Eine Flut von gerichtlichen Prozessen begleitete die Proteste der Fischereivereine und landwirtschaftlichen

---

32) THIENEMANN 1909
33) "Jahresbericht des Fischerei-Vereins für Westfalen und Lippe für das Jahr 1909/10"
34) Protestversammlung gegen die Verunreinigung der Flüsse des Elbegebiets durch die Endlaugen der Kaliindustrie in Naumburg a.S. am 12.11.1911.

Genossenschaften, die gegen die Einleitungen von Bleichereien, Schmutzwollwäschereien usw. organisiert vorzugehen versuchten[35].

Freilich war die rechtliche Grundlage für die zur Beurteilung der Schädigungen und Begründung kompensatorischer Ansprüche zur damaligen Zeit recht dünn. Im Bürgerlichen Gesetzbuch existierten um die Jahrhundertwende als juristische Handhabe gegen die Benachteiligung durch Abwässer nur die §§ 906 und 907[36], die auch unwesentlich modifiziert im heutigen Bürgerlichen Gesetzbuch noch zur Regelung nachbarschaftlicher Eigentumsverhältnisse enthalten sind[37].

Die einvernehmliche Regelung der entstandenen Gegensätze wurde mit der Zunahme der Gewässerbeeinträchtigungen zum allgemein gesellschaftlichen und damit zu einem staatlichen Anliegen. Dabei befanden sich die staatlichen Institutionen allerdings in einem Dilemma. Denn einerseits konnten sie die industrielle Produktion nicht unmittelbar auf ein Maß reduzieren, das die Beeinträchtigungen radikal eliminierte. Schließlich stellte die industrielle Produktion die Grundlage allgemeinen Reichtums und damit allgemeiner Wohlfahrt dar. Zum anderen aber sollte auch die landwirtschaftliche und fischereiliche Nutzung, ebenfalls Quelle allgemeinen Reichtums, erhalten und gefördert bleiben, und es sollte auch die durch die Abwasserverschmutzung hervorgerufene Seuchengefahr staatlicherseits behoben werden. So traten allgemeine Gesundheitsvorsorge, Landwirtschaft und große Industrie in einen bestimmten Gegensatz zueinander. J.KÖNIG legte das Problem in seiner preisgekrönten Schrift "Die Verunreinigung der Gewässer" wie folgt dar.

"Der erfreuliche Aufschwung, den die Industrie in den letzten Jahrzehnten genommen hat, hat in demselben Maße eine erhöhte Menge Abfallstoffe und Abgangwässer mit sich gebracht, welche mehr oder weniger sämtlich in die öffentlichen Wasserläufe gelangen und dieselben verunreinigen. Zu dieser Art Abgangwasser gesellen sich noch, und zwar in durchweg größerer Menge, die häuslichen Schmutzwässer aus den stark bevölkerten Bezirken und Städten. Auf solche Weise werden verschiedentlich Bäche und Flüsse derartig verunreinigt, daß Beschwerden und Klagen der benachteiligten Adjacenten in Permanenz erklärt sind. Es sind daher schon seit Jahren sowohl die Organe der Regierung wie die beteiligten Interessen bemüht, die Verunreinigung der Flüsse, wenn auch nicht ganz aufzuheben, so doch auf ein erträgliches Maß zu beschränken. Auch macht sich mit Recht seit Jahren das Bestreben geltend, die verunreinigten Bäche und Flüsse für die Fischzucht wieder zu gewinnen und es muß dieses Bestreben um so freudiger begrüßt werden, als eine ergiebige Fischzucht ohne Zweifel eine große volkswirtschaftliche Bedeutung hat." [38]

---

35) WEIGELT 1885
36) HASELHOFF 1909,66
37) Bürgerliches Gesetzbuch, 23. Auflage, Stand 1.3.1978, München 1978, 181
38) KÖNIG 1887

Die Aufgabe, ohne tiefgreifende Beschneidung des industriellen Fortschritts und wirtschaftlichen Wachstums die mit dem industriellen Fortschritt einhergehende Umweltbelastung zu verhindern konnte nur zu einem Kompromiß zwischen restriktivem Vorgehen gegen die Verursacher und Expansion der industriellen Produktion führen. Die Schwierigkeit, allen Interessen gerecht zu werden, schlug sich in juristischen Definitionsproblemen nieder, die notwendigerweise um die Thematik des erträglichen Maßes an Wasserverunreinigung kreisten. Mit einem gewissen Ausmaß an Umweltbelastung war weiterhin zu rechnen. So konnte gemäß § 906 ein Verbot der Zuführung von Stoffen nicht erlassen werden, wenn "die Einwirkung die Benutzung seines Grundstückes nicht oder nur unwesentlich beeinträchtigt oder durch eine Benutzung des anderen Grundstückes herbeigeführt wird, welche nach den örtlichen Verhältnissen bei Grundstücken dieser Lage gewöhnlich ist"[39]. Die damit in Kauf genommene Anerkennung eines gewissen Schadens konnte dabei weder zu einer eindeutigen, noch gar zu einer alle Seiten befriedigenden Beurteilung führen.

"Bei den widerstreitenden Interessen ist es schwer, alle beteiligten Kreise zufrieden zu stellen; der Fabrikant wird seine berechtigten Interessen anders einschätzen, als der benachbarte Grundbesitzer; in den meisten Fällen wird für den letzteren die Nähe industrieller Betriebe in gewisser Hinsicht Nachteile bringen, andererseits auch Vorteile, besonders wenn der Grundbesitzer zugleich Gewerbetreibender ist, und deshalb wird man ihm auch zumuten dürfen, gewissen Belästigungen durch Industrie mit in den Kauf zu nehmen." [40]

Die weitere in § 907 enthaltene reichsgesetzliche Ergänzung zu § 906 beinhaltete die Möglichkeit der Anwohner, zu "verlangen, daß auf Nachbargrundstücken nicht Anstalten hergestellt und gehalten werden, von denen mit Sicherheit vorauszusehen ist, daß ihr Bestand oder ihre Benutzung eine unzulässige Einwirkung auf sein Grundstück zur Folge hat"[41]. Doch war auch damit noch nicht ausreichend definiert, was als "unzulässige Einwirkung" zu gelten hatte.

HASELHOFF nennt zwei Entscheidungen aus dem Jahre 1886, die diesem Problem Abhilfe schaffen sollten, indem sie Kriterien für gesetzlich verankerte Beurteilungen angeben sollten. Nach einer Entscheidung des Reichsgerichts vom 9.7.1886 war der Eigentümer befugt, den Fluß zur Wegschaffung der Abwässer zu benutzen, wenn damit anderen Anliegern die Mitbenutzung des Gemeinguts nicht verunmöglicht wurde. Dies implizierte jedoch, daß die betroffenen Anlieger sich - nach der Entscheidung des Reichsgerichts - "ein gewisses nach freiem richterlichen Ermessen unter Er-

---

39) HASELHOFF 1909,66
40) HASELHOFF 1909,73
41) HASELHOFF 1909,66

wägung aller Umstände zu bestimmendes Maß von Belästigungen und Beschränkungen gefallen lassen" mußten[42].

"Deshalb muß darauf hingewiesen werden, daß die getroffenen Bestimmungen, wonach der Anlieger die Einwirkung eines Nachbarbetriebs sich gefallen lassen muß, wenn sie 'nach den örtlichen Verhältnissen bei Grundstücken dieser Art gewöhnlich' oder, wie es kurz heißt, 'ortsüblich' sind, für die Anlieger zu großen Unzuträglichkeiten und zu den gegensätzlichsten Entscheidungen führen können." [43]

Die Gutachtertätigkeit, mit deren Hilfe die Auseinandersetzung geschlichtet werden sollte, war daher stets mit dem Problem konfrontiert, ein Maß "allgemeiner Erträglichkeit" anzugeben.

"Dieses Maß an Gemeinüblichem hat schon manchem Sachverständigen recht viel Kopfzerbrechen gemacht." [44]

So wurde dem biologischen Gutachter eine Fragestellung nahegelegt, die wissenschaftlich gar nicht beantwortbar war, weil sie auf die Festlegung einer rechtlichen Norm, die gegensätzliche Interessen zu versöhnen gedachte, abzielte. Abwasserbiologische Grundlagenforschung sah sich beispielsweise mit der Frage konfrontiert: "Was ist ein reiner Fluß?"[45], die identisch mit der Frage ist, ab wann ein Fluß als belastet zu gelten habe. Die Frage nach dem "reinen Fluß" ist nun wissenschaftlich fiktiv[46], da jedes Gewässer Inhaltsstoffe hat. Die Brauchbarkeit des Gewässers hinwiederum ist von einer gesellschaftlichen Wertung abhängig. Dort, wo vorrangig das Augenmerk auf die Trinkbarkeit des Wassers gelegt wird, herrschen andere Qualitätsmerkmale vor, als dort, wo das Wasser als Brauchwasser für industrielle Zwecke verwendet zu werden pflegt. Auch die Definition nach der gesundheitlichen Verträglichkeit des Wassers schien äußerst dehnbar. Sie verlief in letzter Instanz über die Feststellung des Gehalts an für die Allgemeinheit unverträglichen Stoffen. Die Unverträglichkeit des Wassers wurde dann festgestellt, wenn der Fall massenhafter Erkrankung eingetreten war. Erst dann konnten gesetzliche Grundlagen geschaffen werden, wie das Beispiel der Seuchengesetzgebung zeigt.

Mit einer wissenschaftlichen Definition des "reinen Flusses" sollten die Benutzbarkeitskriterien des Flußwassers bei weiterer Zuleitung von Abwässern ermittelt werden. Durch die Abgrenzung zwischen ertragbarer und nicht ertragbarer Verschmut-

---

42) HASELHOFF 1909,68
43) HASELHOFF 1909,67
44) HASELHOFF 1909,68
45) KÖNIG 1887,1
46) HYNES 1960

zung und damit erlaubter und verbotener Abwassereinleitung sollte der Biologe der staatlichen Rechtssprechung ein wissenschaftlich-biologisches Fundament schaffen. Dadurch, daß die angewandte Biologie in den Brennpunkt rechtlicher Auseinandersetzung gerückt war, knüpften sich für die Geschädigten wie für die "Schädiger" gleichermaßen Erwartungen an sie. Die angewandte Ökologie gewann somit eine gesellschaftliche Bedeutung, auf die sie wissenschaftlich noch nicht vorbereitet war. Dabei konnte eine verantwortungsbewußte wissenschaftliche Befassung nicht einfach die Kriterien technischer Nutzbarkeit anwenden, denn durch sie wurden die schädlichen Wirkungen ja mit hervorgerufen. Eine Wissenschaft, die nicht allein Schadenskompensation betreiben wollte, mußte also notwendigerweise den Aspekt der Naturerhaltung in ihr Programm einbeziehen, so daß sich allein schon aus den gesellschaftlichen Verhältnissen heraus die Notwendigkeit der ökologischen Zielsetzung ergibt.

2.3. Die wissenschaftlich-biologische Antwort auf die Umweltproblematik: die angewandte Ökologie

2.3.1. Die Abwasserbiologie

Da die Umweltprobleme bezüglich der Gewässer durch die zunehmenden Wasserverunreinigungen[47] hervorgerufen wurden, setzte die Entwicklung der angewandten Limnologie mit der Abwasser- und Fischereibiologie ein. Denn

"Als Abwasserbiologe gibt der Limnologe aufgrund der sg. biologischen Wasseranalyse sein Urteil in den Fragen der Gewässerverunreinigung und Abwasserbeseitigung ab; die Abwasserbiologie ist neben der Fischereibiologie einer der ältesten Zweige der angewandten Limnologie." [48]

Die biologische Analyse der Abwässer stellt Art, Grad und Ursache der Wasserverunreinigung fest. Während die chemische Abwasseranalyse die verunreinigenden Stoffe selbst nachweist, belegt die biologische Abwasseranalyse die Verunreinigung letztlich durch einen Vergleich der Fauna und Flora von reinem und verunreinigtem Wasser. Dies Verfahren, die Verunreinigung aus dem Vergleich zweier Zustände zu ermitteln, nötigt der Abwasserbiologie das besondere Bemühen auf, für die unterschiedlichen Gewässer ein möglichst universelles System von Leit- und Indikatororganismen zu finden. Da aber mit den geographischen Regionen, der Art der Gewässer, dem unterschiedlichen natürlichen Bestand an Fauna und Flora, den qualitativ und quantitativ unterschiedlichen Abwässerzufuhren die Leitorganismen wechseln können, macht es einen Großteil der abwasserbiologischen Forschung aus, dieses Instrument

---

47) THIENEMANN 1937a,210
48) THIENEMANN 1934

des Indikatorensystems immer wieder neu zu überprüfen und zu "eichen"[49]. Der doppelten Zielsetzung der biologischen Wasserbeurteilung, "einerseits die quantitative Analyse der Lebensgemeinschaft, andererseits die Feststellung des Vorkommens und der Verbreitung einzelner, möglichst biologisch gut bekannter, empfindlicher Arten"[50] zu erstellen, entsprach das Ideal, ein möglichst universelles und dabei genaues Indikatororganismensystem für Abwasserschäden zu finden[51].

"Solche Abwässerschäden spielten in den Industriegebieten Westfalens eine große Rolle. Die biologische Wasseranalyse aber, das heißt die Beurteilung der Art, des Grades und des Ursprungs einer Wasserverunreinigung, steckte damals noch in den Anfängen. Wohl gab es einige Forscher, die sie mit Meisterschaft anwendeten (SCHIEMENZ, HOFER, KOLKWITZ, MARSSON, LAUTERBORN), zusammenfassende Darstellungen fehlten bis auf die kleinen Anleitungen von KOLKWITZ-MARSSON und LAUTERBORN." [52]

Die von KOLKWITZ und MARSSON erstellte Systematik[53] der Fäulnisorganismen (Saprobien) war das Indikatorensystem für den Verschmutzungsgrad. Diese Systematik, die die Zonen der Abwasserverschmutzung nach dem massenhaften Vorkommen verschiedener Abwasserorganismen klassifiziert, unterteilt das Gewässer anhand des Verschmutzungsgrads in vier Zonen: der polysaproben, der alpha-mesosaproben, der beta-mesosaproben und der oligosaproben Zonen, wobei für jede Zone bestimmte chemische und biologische Merkmale angegeben werden können. Zu den biologisch wichtigen Indikatoren gehören Tiere und Pflanzen aus allen Gruppen, wie Pilze, Algen, Protozoen, Bakterien, aber auch höhere Tiere und Pflanzen.

Am Münsteraner Institut leistete THIENEMANN bei der Entdeckung bislang unbekannter Abwasserorganismen, wie beispielsweise mit der Bestimmung des am 11. Januar 1910 der Emscher bei Oberhausen und Karnap entnommenen neuen Abwasserpilzes (*Phoma emschericum*), Pionierarbeit. Zu den wichtigsten Indikatororganismen zählen jedoch die weitverbreiteten Larven der unterschiedlichen Zuckmückenarten (Chironomidae, Diptera), deren Erforschung und Systematisierung er vorantrieb[54], wobei die Kenntnisse dieser Tiergruppe für THIENEMANN bei der Untersuchung der Eifeler Maare und damit bei der Grundlegung des Seentypensystems von außerordentlicher Bedeutung waren.

Da die Abwasserbiologie zwar den Grad der Gewässerverunreinigung anhand eines Vergleichs der Gewässer ermitteln konnte, aber keine Angaben über die Art und

---

49) Vgl. Ausgewählte Methoden der Wasseruntersuchung Bd.II Biologische, mikrobiologische und toxikologische Methoden. Jena 1975,2
50) THIENEMANN 1923,796
51) THIENEMANN 1911a,410
52) THIENEMANN 1959,62
53) KOLKWITZ/MARSSON 1909
54) THIENEMANN 1954

Menge der das Wasser verunreinigenden Stoffe machen konnte, wurde sie durch die chemische Untersuchung der Gewässer ergänzt [55].

"Man wird daher bei der Beurteilung von Verunreinigungen der Gewässer durch Schmutzwässer, so wertvoll hierbei auch die biologische Untersuchung ist, die chemische Untersuchung nicht entbehren können. Sie muß vielmehr, um mit Sicherheit die Art und den Grad der Verunreinigung festzustellen, mit der biologischen Untersuchung Hand in Hand gehen." [56]

So entsprach der Unterscheidung saprober Zonen gemäß ihres Besatzes an bestimmten Organismen ein bestimmter Gehalt an Proteinen und Kohlenhydraten, an Schwefelwasserstoff, Nitrat und Ammoniumsalzen, ein bestimmter Grad der Sauerstoffzehrung usw., also ein bestimmtes chemisches Milieu, so daß Organismen gefunden werden mußten, die für ein ganz bestimmtes chemisches Milieu typisch waren. Dazu führte THIENEMANN beispielsweise eine ganze Reihe von Untersuchungen salzhaltiger Gewässer durch.

Die weitere abwasserbiologische Aufgabe war die Abwasserreinigung. Dabei wurde die abwasserbiologische Erkenntnis wichtig, daß durch eine bestimmte Sukzession von saproben Organismengesellschaften sich verunreinigtes Wasser bis zu einem gewissen Verschmutzungsgrad oder gar gänzlich selbst reinigte, wobei die Selbstreinigungskräfte des Wassers, die durch die Lebenstätigkeit der massenhaft vorhandenen poly- und mesosaproben Organismen verursacht werden, nicht auf die Menge der Bakterien beschränkt ist, sondern auch unterschiedliche Algenarten und höhere Wasserpflanzen ihren Anteil daran haben, daß also die gesamte Lebewelt bei der Selbstreinigung zu berücksichtigen ist[57].

Das Modell der Selbstreinigungskräfte eines Gewässers, das THIENEMANN beispielsweise am Emscher Stauteich als Folge verschiedener Biozönosen untersuchte[58], enthielt schon die später von THIENEMANN allgemein theoretisch formulierte Konzeption der Sukzession biologischer Systeme, allerdings in anwendungsbezogener Hinsicht. In dieser Untersuchung tritt auch die für die Limnologie und auch Ökologie bedeutsame Einteilung in Produzenten, Konsumenten und Destruenten auf. Die Sauerstoffproduzenten (die "Durchlüfter") waren Grünalgen. Die Bodenfauna des Stauteiches, die Konsumenten, bestand aus verschiedenen Muschel- und Schneckenarten[59]. Die Destruenten, die Bakterienzellen, zu denen die organischen Substanzen umgewandelt wurden, dienten den Rädertierchen wiederum als reiche Nahrungsgrundlage, wo-

---

55) Ausgewählte Methoden der Wasseruntersuchung Bd.II Biologische, mikrobiologische und toxikologische Methoden. Jena 1975,3
56) THIENEMANN 1911a,473
57) THIENEMANN 1911a,445 ff
58) THIENEMANN 1911a
59) THIENEMANN 1911a,447

bei diese die Beute von Röhrenwürmern (Tubificiden) und diese ihrerseits Beute carnivorer Insektenlarven werden. Der Reinigungsprozeß war damit beendet, daß die letztlich in höhere Lebewesen umgewandelte organische Substanz als geflügeltes Insekt den Stauteich wieder verließ. Auch hier nahm die anwendunsgbezogene Ökologie bereits eine Erkenntnis der allgemeinen Ökologie vorweg: das Prinzip der Nahrungskette.

Allerdings wurden im Vertrauen auf die Lehre von den Selbstreinigungskräften die Gewässer häufig sich selbst überlassen. So hat beispielsweise BONNE[60] die aus der Lehre von den Selbstreinigungskräften dahingehend gezogenen praktischen Schlußfolgerungen, wie die Errichtung von Schwemmkanalisation beispielsweise an der Isar in München, kritisiert, weil gerade das Sich-Selbst-Reinigen-Lassen der Flüsse eine Ausweitung pathogener Keime im Trinkwasser zur Folge hatte, die Typhusseuchen herbeigeführt hatten. Mag dies auch auf die damals vorherrschenden Mängel noch kaum entwickelter Untersuchungsmethoden zurückzuführen sein, so zeigen doch die weiteren Entwicklungen der Kläranlagen, daß die Selbstreinigungspotenz der Fließgewässer der zunehmenden Verunreinigung nicht gewachsen war. In Kläranlagen wird der Selbstreinigungsprozeß auf künstliche Gewässer, d.h. Klärbecken, konzentriert und durch technische Mittel beschleunigt.

Während nun in der anwendungsbezogenen Forschung die Untersuchung der Lebewelt in Bezug auf die chemischen Verhältnisse stets auf den Verschmutzungsgrad bzw. dessen Bereinigung abzielt, wird in der allgemeinen Ökologie der Zusammenhang von Lebewelt und Umwelt grundsätzlich Gegenstand. Der ökologische Zusammenhang von Organismus und Umwelt findet sich im Indikatorsystem der Saprobien als Anwendung der Biologie auf Abwasseruntersuchungen wieder, noch lange bevor die allgemeine Ökologie eine eigenständige Disziplin war, innerhalb der die Saprobiensysteme im Prinzip Anwendungsfälle der Biozönotik sind. Ökologische *Wissenschaft*, und nicht nur *Anwendung* der biologischen Kennntnisse, ist die anwendungsbezogene Forschung also bereits darin, daß sie die Frage nach dem Zusammenhang von Organismen und Umwelt als eigene methodische Betrachtungsweise vorantreiben muß.

2.3.2. Abwasserverschmutzung und Fischereibiologie

Die Beeinträchtigungen des Fischbestandes wie der Fischqualität aufgrund zahlreicher Fischkrankheiten, die durch Wasserverunreinigungen hervorgerufen wurden, spielten in der Fischereibiologie eine große Rolle.

---

60) BONNE 1901

"Die Biologische Abteilung an der Landwirtschaftlichen Versuchsstation sollte in erster Linie der Förderung der westfälischen Fischerei dienen. Zu meinen laufenden Aufgaben gehörten daher Beratungen von Teichwirtschaften in der Ebene und im Bergland, Vorträge in landwirtschaftlichen und Fischereivereinen, Untersuchung von Fischsterben und Fischkrankheiten. In einem durch Abwässer einer Strohpapierfabrik verunreinigten Teiche im Kreise Lübbecke gingen 1909 die Karpfen an einer Rotseuche ein ... verhältnismäßig häufig trat damals in den westfälischen Forellenzuchten auch die Drehkrankheit auf. Die heute so verheerende Bauchhöhlenwassersucht der Karpfen wurde damals nicht beobachtet."[61]

Neben den Beeinträchtigungen der Wasserqualität natürlicher Gewässer durch Abwässer sorgten auch wasserwirtschaftliche Eingriffe, wie der Bau von Kraftwerken an den Fließgewässern, durch die die Laichwanderwege der Fische behindert wurden, für eine Verminderung des Ertrags an wirtschaftlich wertvollen Fischen wie Lachs, Meerforelle, Äsche und Aal.

Eine "Dezimierung" des Fischbestandes ganz anderer Art stellte die Überfischung dar, die vor allem die Meeresfischereibiologen beschäftigte. Beispielhaft sind die Untersuchungen von MOEBIUS, der 1869 von der preußischen Regierung den Auftrag erhalten hatte, ein Gutachten über die Austern- und Miesmuschelzucht an den norddeutschen Küsten zu erstellen[62]. Diese Untersuchungen waren durch die Überfischung der Austernbänke notwendig geworden. Aus demselben Anlaß heraus wurde HENSENs Forschungsreise 1889 durchgeführt, die zur Begründung der statistischen Planktonkunde führte. Hierbei wurden Überlegungen zum "Problem des Stoffwechsels des Meeres"[63] angestellt. Die in der Ökologie selbstverständlich gewordene Konzeption des Stoffhaushalts hat also ihren Ursprung ebenfalls in anwendungsbezogener Forschung.

Da der Fischertrag von den Nährstoffverhältnissen eines Binnengewässers abhängt, wurde die Untersuchung der Insektenlarven, die als Fischnahrung eine bedeutende Rolle spielen, auch Gegenstand fischereibiologischer Untersuchungen. Auch hier ist ein Grundstein zur Erforschung der Biologie der Chironomiden[64] gelegt.

Man sieht daran, daß die wirtschaftliche Betrachtung der Natur als gleichsam unerschöpfliches Reservoir notwendigerweise die ökologische Betrachtung im Hinblick auf die Erhaltung und Verbesserung des natürlichen Bestands nach sich zieht. Denn die Ökologie urteilt nicht nur im Hinblick auf den Ertrag, sondern auch und vor allem

---

61) THIENEMANN 1959,57
62) LEPS 1986,13
63) STIASNY 1913,16ff
64) THIENEMANN 1954

auf die Nahrungsgrundlage der zu erntenden Produktion. So wurde die ökologische Erforschung von Stoffkreisläufen im Hinblick auf die Reproduzierbarkeit wirtschaftlicher Ergebnisse auch von allgemeinem Interesse.

Umgekehrt ist die Ermittlung von für die einzelnen Fische optimalen Lebensverhältnissen im Hinblick auf die Fischzucht und auf die industrielle Fischproduktion in künstlichen Gewässern der Ausgangspunkt für einen *planerischen* Einsatz biologischer Erkenntnisse. Denn die industrielle Fischproduktion versucht, durch geplante Regelung der Umweltfaktoren den Ertrag zu maximieren. Im Unterschied zu natürlichen Ökosystemen sind hier die wesentlichen Faktoren, beispielsweise Nahrungs- und Sauerstoffzufuhr, Beckenhaltung usw., manipulierbar[65].

2.3.3. Limnologie und Wasserwirtschaft

Neben den Einwirkungen der industriellen Produktion auf die Wasserqualität, damit auf den Fischbestand, die Trinkwasserqualität etc. wurde der Wasser*haushalt* und damit der Wasserkreislauf durch die menschliche Wassernutzung selbst verändert[66].

Gewässerregulierungen des Oberlaufes von Fließgewässern und im Quellgebiet führten zu Grundwasserabsenkungen, wie sie THIENEMANN bei der Analyse des Zusammenhangs von Niederschlag und Grundwasserspiegelschwankungen am Garrensee und Pinnsee beobachtet hatte[67]. Hierbei führte die Begradigung von Flußläufen zur Erhöhung der Strömungsgeschwindigkeit, die erodierende Kraft nahm zu, so daß Bach- und Flußbette immer mehr eintieften und ein Absinken des Grundwassers bewirkten. Auf diese durch Gewässerregulierung, Flußbegradigung wie Dränierung von Wiesen und Mooren hervorgerufene Gefahr der Versteppung ganzer Landstriche und der dadurch erzwungenen Herabsetzung der Bodenfruchtbarkeit, wie wir sie beispielweise von der TULLAschen Rheinbegradigung[68] her kennen, hatte THIENEMANN hingewiesen.

THIENEMANN hatte auch, um dem drohenden Verlust an Brauch- und Trinkwasser, der sich bei steigendem Wasserbedarf und konstantem Wasservorrat einstellen mußte, zu entgehen, vorgeschlagen, durch möglichst langes Zurückhalten des Wassers im Süßwasserkreislauf rechtzeitig Vorsorge zu treffen[69]. THIENEMANNs Vorschläge zur Regulierung dieses Problems stellten dabei erste Ideen einer Art Umweltpolitik

---

65) STEFFENS 1986
66) BARNER 1987, HERRMANN 1977
67) THIENEMANN 1932
68) Der badische Bauingenieur Johann Gottfried TULLA begann 1817 die Rectification des Rheinflußbettes (OLSCHOWY 1983). Siehe dazu auch LAUTERBORN (1938/I,2f)
69) THIENEMANN 1952

dar. Um das Wasser möglichst lange zu halten, bevor es ins Meer abging, war es nötig, 1. kleine Wasserläufe nicht mehr zu begradigen, 2. den Boden im Sinne einer Wiederaufforstung der Wälder durch Anpflanzung von Windschutzgehölzen usw. zu verbessern, 3. Flußstauungen, um den Flußpegel zu fixieren, und 4. den Bau von Talsperren, um Wasserüberschuß einer Jahreszeit zu halten, zu fördern. Er wies auch auf die Gefahr neuer Umweltprobleme hin, die durch das Aufstauen eines verunreinigten Flusses in Talsperren und Wasserkraftanlagen entstehen.

Neben der Absenkung des Grundwasserstandes[70] stellte die Hebung des Grundwasserstandes durch klimatische Einflüsse, wie steigende Niederschlagsmengen und mildere Winter, ein Umweltproblem dar, das THIENEMANN in Norddeutschland beobachten konnte[71]. Am Beispiel des Drewitzer oder Altschweriner Sees, dessen Wasserspiegel innerhalb von 7 Jahren (1925-1932) um ca. einen Meter gestiegen war und dabei umliegende Wälder von beträchtlichem Ausmaß überschwemmte und absterben ließ[72], hatte THIENEMANN die Folgen klimatischer Veränderung auf die Landschaft dargelegt[73].

---

70) THIENEMANN 1933c
71) THIENEMANN 1932, 1932b
72) THIENEMANN 1932c
73) THIENEMANN 1950b

3. Exkurs: Ökologie als gesellschaftliches Korrektiv

THIENEMANNs kritische Beobachtungen beschränkten sich nicht auf Umweltfragen der Gewässer. Er wandte sich generell gegen die rücksichtslose Ausweitung des Industrialisierungsprozesses, der zusammen mit der stark anwachsenden Zahl der Bevölkerung zu Verstädterung[74], zum Anwachsen des Verkehrsnetzes[75] und zu zerstörerischen Eingriffen in die Landschaftstruktur führte. Diese Beobachtungen brachten THIENEMANN zu einer kritisch distanzierten Einstellung gegen das wirtschaftliche Denken. Die heute als modern geltende Kritik am schrankenlosen Wirtschaftswachstum[76] hat hier ihre frühen Wurzeln.

"Wird so die angewandte Ökologie der getreue Eckart der Wirtschaft, wenn sie auf ihre Planlosigkeit, ihre Maßlosigkeit, ihr Unverständnis gegenüber Dingen der Natur hinweist (FRIEDERICHS), so wächst ihre Bedeutung mit der Zunahme der sogenannten kulturellen Erschließung des Gebietes." [77]

Die Korrekturbedürftigkeit wirtschaftlichen Denkens führte zur Kritik an Kulturwerten, die den wirtschaftlichen Erfolg in einer Weise favorisierten, daß sie die Erhaltung natürlicher Grundlagen des Menschen außer acht ließen[78]. Kulturkritik ist die Ökologie dabei von Anfang an dadurch, daß sie auf die "naturgesetzten, naturgesetzlichen Grenzen" [79] der Kultivierung hinweist und damit die Schranken der "'Herrschaft' des Menschen über die Natur" ins Bewußtsein rufen will. Umgekehrt wirkt die Kultur

"auf die geistige Verfassung und die Fähigkeiten des Menschen zurück. Sie macht aus ihm körperlich und geistig ein ganz neues Wesen, sie formt den *Kulturmenschen*, der sich durch unendliche Weiten vom unverbildeten Kinde der Natur unterscheidet."[80]

Der "Kulturmensch" bezeichnete eine Lebenseinstellung der Industriegesellschaft, die die Einheit von Natur und Mensch mißachtete. Dabei richtete sich THIENEMANNs Kritik nicht gegen Kultur als solche, sondern gegen deren nicht naturgemäßen Gebrauch, schließlich "liegen höhere Werte in der kultivierten Landschaft, und die Werke des Menschen an der Natur, soweit sie sie krönen, sind der höchste Wert in ihr"[81].

---

74) THIENEMANN 1944,33
75) THIENEMANN 1944,32
76) GORZ 1977
77) THIENEMANN 1956,113
78) THIENEMANN 1944,33
79) THIENEMANN 1956,113
80) THIENEMANN 1944,33
81) THIENEMANN 1944,34

"Der Ruf 'Zurück zur Natur' ist zu allen Zeiten ertönt. (...) Jetzt kann und soll er nur dies bedeuten, daß auch ein Kulturvolk den für alles Lebendige geltenden Gesetzen unterworfen ist und daß es sie befolgen muß, will es überhaupt bestehen bleiben."[82]

Die Erforschung dieser Gesetze, die dem Handeln von Wirtschaft und Gesellschaft eine praktische wie theoretische Handreichung bieten sollten, war THIENEMANNs Antwort auf den Kulturmenschen. Damit gewinnt die Ökologie auch eine politische Dimension. Die heute zur scheinbaren Alltagsselbstverständlichkeit gewordene Einsicht, daß der Mensch als Glied und Gestalter der Natur eine Verantwortung für die Natur trägt, bildete die Grundlage der modernen Humanökologie[83], deren zentrale Thematik die Verantwortung des Menschen für die Natur ist[84].

Es zeichnet nun die Ökologie im Unterschied zu allen anderen biologischen Disziplinen, wie der Physiologie, der Systematik usw. aus, daß sie, ausgehend von der Kritik an den Wirkungen des industriellen Eingriffs in die Umwelt, ein wissenschaftliches Programm formuliert, das mit der Gegenstandsbestimmung der Ökologie Hand in Hand geht. So steht Ökologie "nicht nur für eine Wissenschaft, sondern auch für einen ganzen Komplex von Werthaltungen, steht für eine Weltanschauung und ein Lebensgefühl. 'Ökologie' ist ein neues Fahnenwort, ist ein oberster utopisch-normativer Begriff"[85].

Der von der Ökologie geforderte naturgemäße Umgang mit der Natur zog auf politischer Ebene die Forderung nach Integration ökologischen Denkens in politische Planungs- und Entscheidungsprozesse nach sich[86]. Insofern die Ökologie sich gegen eine verbreitete Einstellung des "Kulturmenschen" richtet, gehört die Schaffung eines allgemeinen Umweltbewußtseins mit in den Plan der Ökologie. Denn mit zunehmender Kultivierung des Landes

> "steigt die Gefahr einseitiger Maßnahmen, die das Gleichgewicht des Ganzen stören können. Damit aber ergibt sich die Notwendigkeit, die Gesamtheit des Volkes mit den Grundlehren der allgemeinen Ökolgie immer mehr vertraut zu machen und diese Wissenschaft in den Lehrplan für alle die aufzunehmen, die später in irgendeiner Weise beruflich in das Naturgeschehen einzugreifen verpflichtet sind, und deren sind sehr viele."[87]

---

82) THIENEMANN 1944,24
83) ELSTER 1963
84) ELSTER 1989
85) TREPL 1987,12
86) THIENEMANN 1951,580
87) THIENEMANN 1956,113

Der Ort ökologischer Aufklärung ist auch und vor allem die Schule. Dort sollte durch Vermittlung der Erkenntnis der Formen der Natur die Voraussetzung dafür geschaffen werden, daß der Mensch seiner Verwobenheit mit dem Naturganzen gewahr wird. Denn mangelhafte Erkenntnis und Kenntnis der Natur beschränken das Naturerleben und schaffen Raum für eine Gleichgültigkeit gegenüber den Folgen, die die industrielle und kulturelle Nutzung nach sich ziehen.

3.1. Ökologische versus romantizistische Naturauffassung in der Pädagogik: Die Kontroverse JUNGE - SCHMEIL

Die Einführung des ökologischen Gesichtspunkts in den Biologieunterricht hatte THIENEMANN bereits in einer Rigorosumthese gefordert: "Soll die Biologie beim naturkundlichen Unterrricht auf den höheren Schulen in den Vordergrund treten, so muß die Unterweisung der zukünftigen Lehrer auf der Universität weit mehr als bisher biologischen[88] Gesichtspunkten Rechnung tragen".

Er sah seine Forderung nach ökologischem Unterricht bei Friedrich JUNGE bestätigt, der schon 1885 in seinem Buch "Der Dorfteich als Lebensgemeinschaft" die ganzheitliche Naturbetrachtung als Unterrichtsbestandteil forderte, weil "der Mensch, je mehr er die Natur in seinen Dienst zieht, um so abhängiger von ihr wird; daß er deshalb, um sich vor Schaden zu hüten, streben muß, ihre Eigenart zu erforschen, denn *nur nach Maßgabe der ihr innewohnenden Gesetze läßt sie sich leiten und beherrschen.*"[89].

Modern ist das Bedürfnis nach einer "ökologischen Orientierung" also nicht, wenngleich die Bedeutung der Ökologie für den Biologieunterricht im Zusammenhang mit Fragen des Naturhaushalts und der Umweltsicherung erst seit Beginn der Siebziger Jahre voll gewürdigt wird[90]. Selbst heute, da sich die ökologische Betrachtungsweise so nachhaltiger Aufmerksamkeit erfreuen kann, lassen die erhofften Wirkungen auf sich warten[91].

JUNGEs Reform des naturgeschichtlichen Unterrichts ging die Kritik an der systematisch-morphologischen Betrachtungsweise August LÜBENs voraus, in der "die systematische Kenntnis als erstes und letztes Ziel erstrebt"[92] werde.

> "a) Einseitig wird die *intellektuelle Kraft* in Anspruch genommen. Wie kann bei diesem systematischen Zergliedern ein Eindruck von der Schönheit des Ganzen, wie kann Achtung vor dem Leben eines Wesens erzeugt werden -

---

88) THIENEMANN verwendet die Begriffe Biologie und Ökologie hier synonym.
89) THIENEMANN 1956
90) KILLERMANN 1986,27
91) GEBHARD 1991,9
92) JUNGE 1907,3

vor einem Leben, das nicht verstanden wird? (...) b) Einseitig wird verfahren, indem die Dinge nur nach ihrer Bedeutung für das körperliche Wohlergehen der Menschen angesehen werden, wodurch einer materialistischen Lebensanschauung Vorschub geleistet wird. Wenn auch die Frage: Ist das zu essen? berechtigt sei - so gewiß hat die Schule doch auch die Aufgabe, vor allem *durch Pflanzung und Pflege idealer Interessen die Menschen höher und höher über das Tier zu fördern*."[93]

JUNGE argumentiert noch ganz im Geiste romantisierender Naturbetrachtung, die verstandesmäßiges und wissenschaftliches Durchdringen und Erfassen innerer Naturzusammenhänge und gefühlsmäßige Verehrung der Natur nicht als sich ergänzende Einheit, sondern als krassen Gegensatz versteht. Sein idealistisch-romantisches Bild der Natur fiel also mit der wissenschaftlichen Auffassung THIENEMANNs gar nicht so umstandslos zusammen, wie THIENEMANN selbst annahm.

Denn JUNGE rückt zwar den erzieherischen Wert, "durch Pflanzung und Pflege idealer Interessen die Menschen höher und höher über das Tier zu fördern", in den Mittelpunkt, will aber dabei explizit auf die Überzeugungskraft wissenschaftlicher Beweisführung verzichten[94]. Das Erkennen der Einheit soll sich ganz aus dem "Eindruck von der *Schönheit* des Ganzen" ergeben. Wie aber soll die Einheit, die Synthese, erkannt werden, so könnte man mit THIENEMANN zurückfragen, wenn keine Analyse vorliegt?

Die Überbetonung des romantizistischen Erziehungswerts und des gefühlsmäßigen Moments hatte in Otto SCHMEIL einen kenntnisreichen Kritiker gefunden. SCHMEIL wies JUNGEs acht Gesetze der lebendigen Natur, nämlich "das Gesetz der Arbeitsteilung - der Entwicklung - der Erhaltungsmäßigkeit - der Anbequemung (Anpassung) - der organischen Harmonie - der Gestaltenbildung - des Zusammenhangs - der Sparsamkeit"[95], zurück. Er maß ihnen allenfalls den Stellenwert von Regelmäßigkeiten in der Natur zu[96].

Daß das Gesetz von der Erhaltungsmäßigkeit in hohem Maße zutrifft, gestand SCHMEIL zu, wies aber zugleich darauf hin, daß dies nicht "im höchsten Masse" der Fall ist. Schließlich lebe ein Wal unpraktischerweise mit Lungen statt mit Kiemen, es gebe Sumpfvögel ohne Haut zwischen den Zehen, umgekehrt Vögel mit Schwimmhäuten, die auf trockenen Wiesen lebten, einen Specht in den Pampas etc.. Er schließt, "bei allen diesen Wesen stimmen also Körperbau, Lebensweise und Aufenthalt nicht überein"[97]. Ebenso griff SCHMEIL JUNGEs Gesetz der Sparsamkeit an. Mit dem selben Recht könne man von einem "Gesetze der Verschwendung" reden. Die Unmengen von Blütenstaub, die windblütige Pflanzen erzeugen, ebenso wie die Masse von

---

93) JUNGE 1907,5f
94) JUNGE 1907,4
95) KILLERMANN 1986,27
96) SCHMEIL 1897,30
97) SCHMEIL 1897,32

Blättern in einer Baumkrone entsprächen schließlich auch dem jeweiligen Zweck.

Im Unterschied zu JUNGE drang SCHMEIL auf eine nüchterne und dem Wissensstand angemessene Darstellung. So sollte die Pädagogik um ihrer Glaubwürdigkeit willen nicht Gesetze aufstellen, deren Stimmigkeit wissenschaftlich noch gar nicht vollends erwiesen war.

> "Infolge der Kompliziertheit der Verhältnisse ist im organischen Leben das Einheitliche, Gesetzmässige aber erst *bruchstückweise* erkannt, so daß wir noch bei weitem nicht imstande sind, alle Erscheinungen auf wirkliche Gesetze zurückführen zu können. So lange dies noch nicht möglich ist, so lange kann - wie ich dies oben ausdrückte - nur von einem *Ahnen dieser Einheit* die Rede sein."[98]

SCHMEILs Kritik richtete sich also nicht gegen JUNGEs Gesetz der organischen Harmonie selbst, wenngleich SCHMEIL einräumte, daß es sich dabei um eine *Hypothese* handelte, "welche allerdings durch unzählig viele Thatsachen gestützt ist"[99], sondern forderte eine Orientierung der pädagogischen Erziehungsarbeit an den damaligen wissenschaftlichen Erkenntnisstand.

3.2. THIENEMANN im Lichte der modernen Ökopädagogik

Seit den frühen Tagen der angewandten Ökologie und der ersten Versuche, den Unterricht mit ökologischem Wissen zu bereichern, haben die Umweltzerstörungen ein weitaus größeres Ausmaß angenommen. Dennoch wird die Wichtigkeit der Ökologie nach wie vor unterschätzt[100] und moderne Pädagogen müssen feststellen, daß trotz Biologieunterricht der Bildungsgrad selbst über fundamentalste biologische Sachverhalte abnimmt[101]. Die Aufklärung über ökologische Sachverhalte ist also dringender denn je. Gerade die Dringlichkeit der Probleme macht schnelles Handeln notwendig, so daß die Ökopädagogik alles daransetzen muß, die Strukturen begreifbar zu machen, von denen die Gefahr ausgeht. Allerdings gleitet die Pädagogik, von der Globalität des Problems betroffen, allzuleicht in ungreifbare oder wenigstens für die Praxis unfruchtbare Grundsatzüberlegungen ab.

> "Für die Ökopädagogik wurzelt die Krise tiefer ... Sie hält das ökologische Desaster nicht nur für Auswüchse der industriellen Produktion und Lebensweise, sondern sieht die Ursachen in unseren grundsätzlichen Denk- und Handlungsstrukturen begründet."[102]

---

98) SCHMEIL 1897,40
99) SCHMEIL 1897,35
100) BECKER 1989
101) FALKENHAUSEN 1991,5
102) BEER/DE HANN 1984,9

Dieser Aufruf bleibt folgenlos. Und dies mit gutem Grund. Wer die Herstellung von Transparenz im wissenschaftlichen Sinn, die kenntnisreiche Ausbildung, den biologisch geschulten Blick für einen der Dringlichkeit unangemessenen Umweg hält, sinnt auf eine Verhaltensänderung, die in höchstem Grade allgemein und abstrakt und damit wirkungslos ist. In dem Bestreben, die Notwendigkeit des Umdenkens vor Augen zu führen, bietet er Denkalternativen an, von denen nicht einmal anzugeben ist, welchem Schulfach sie überhaupt zuzurechnen sind.

Dementsprechend allgemein sind die aufgezeigten Alternativen. Statt dem "Wahn der immer komplexer, zentralisierter, undurchschaubarer werdenden, kaum noch steuerbaren, weil sich verselbständigenden Großtechnologie mit ihrem immensen Ressourcenverschleiß" wird eine "sanfte, angepaßte, Ressourcen schonende Alternativtechnologie (...), die zudem im überschaubaren, steuerbaren Lebensbereich derer verbleibt, die sie benutzen (...)", gefordert. "Der herrschende Zentralismus, durch Partizipationskonzepte oft nur kosmetisch verschleiert, wird abgelehnt zugunsten der Dezentralisierung der Entscheidungs-, Produktions- und Konsumstrukturen. Den immer weiter um sich greifenden Monokulturen in der Politik, Wirtschaft und Technik stellen sie" (die Ökopädagogen, G.S.) "die Vielfalt in allen Bereichen gegenüber."[103].

Die in der Ökopädagogik diskutierten Topoi: Zentralismus gegen Dezentralismus, Monokulturen in Politik, Wirtschaft und Technik gegen Vielfalt .... lassen biologische Grundkenntnisse nur noch erahnen. So bleibt die Aufforderung nach Umdenken im abstrakten Aufruf stehen, ohne daß die Wissensdefizite selbst thematisiert werden. Allein durch bloßes Umdenken sind sie jedoch schwerlich aufzuheben.

"So ist den meisten von uns kaum bewußt, wie sehr wir immer noch ein
Teil der natürlichen Umwelt sind - ein Teil, der sich zwar von seinem ursprünglichen Platz entfernt hat, aber dennoch nur innerhalb ihres Gefüges
leben kann."[104]

Der beklagte Mangel an Bewußtsein war auch THIENEMANN schon bekannt, und er hat darauf die Antwort gegeben, daß die "natürliche Umwelt" in der modernen Industrielandschaft vorwiegend musealen Charakter hat und dementsprechend die Kenntnisse gering sind.

"Unser Volk im allgemeinen und die Jugend im besonderen ist nicht mehr
so naturverbunden wie früher, und die Kenntnis des Lebens in der Natur ist
in weiten Kreisen erschreckend dürftig! Aber ohne solches Wissen werden
die Naturentfremdung und damit die naturwidrigen ... Eingriffe in die Natur
immer größer. Vertiefung des Wissens um die Natur ist auch Voraussetzung

---

103) BEER/DE HAAN 1984,8/9
104) KLÖTZLI 1986,14

dafür, daß unser Volk wieder Ehrfurcht vor den einmaligen Werken der Schöpfung gewinnt."[105]

THIENEMANN hatte es als dringliche Aufgabe angesehen, die Natur *erklärend* vor Augen zu führen, statt vorschnell in der Anerziehung von Denkmustern den pädagogischen Lösungsweg zu suchen. Dabei bietet sich gerade die Limnologie als Beispiel für die Unterrichtung ökologischer Zusammenhänge an, da vor allem die abgegrenzten Bereiche stehender Gewässer gutes Material für einen exemplarischen Einblick in das Prinzip ökologischer Ganzheit bieten.

Die klassischen Ökologen wie THIENEMANN und andere halten dabei durchaus für den Unterricht aufbereitbare und verwertbare Arbeiten bereit, die ohne den Ballast pädagogischer Verantwortungsdiskussion anwendbar sind. So lassen sich anhand der Grundsätze der faunistischen Forschung[106] Probleme der systematischen Bestimmung der heimischen Fauna erörtern, die Schrift über die Stechmückenplage in Lappland ist ein verblüffend einfaches und dennoch durchschlagendes Beispiel für eine ökologische Studie. An THIENEMANNs Arbeiten ließe sich Denken in Ganzheiten konkret schulen. Auch THIENEMANNs 1925 erschienene Einführung in die Limnologie kann als Grundlage des Unterrichts fruchtbar sein, gerade weil hier ein Ökologe seine Kenntnis der Tier- und Pflanzenwelt wie der geographischen Gegebenheiten mit dem Blick für die Gesamtheit des Geschehens verbindet. Nötig scheint eine Rück- oder Neubesinnung auf die wissenschaftliche Ökologie, denn in ihr ist der Ganzheitsgesichtspunkt in wissenschaftlicher, einsichtiger und damit *glaubwürdiger* Weise gegenwärtig.

---

105) THIENEMANN 1956
106) THIENEMANN 1925

4. Die philosophischen Grundlagen der Ökologie THIENEMANNs und die Elementarform des ökologischen Denkens

4.1. Aufgabe und Zwecksetzung der Ökologie: Einheit von Denken und Handeln als Konsequenz THIENEMANNs aus der angewandten Ökologie

Als THIENEMANN 1917 angeboten wurde, die Nachfolge des renommierten Begründers der Fischereibiologie HOFER am Lehrstuhl für Zoologie und Fischkunde an der Tierärztlichen Fakultät der Universität München anzutreten, lehnte er dies im Hinblick auf die Übernahme und den Ausbau der Hydrobiologischen Station von ZACHARIAS in Plön, deren Leiter er werden sollte, ab, um sich der rein wissenschaftlichen Forschung zu widmen[107]. Mit dem Verzicht auf beruflichen Aufstieg und persönliche Reputation entsprach THIENEMANN dem Ethos und Verantwortungsbewußtsein, das er der Ökologie selbst zumaß.

"Ich glaube, daß *ein* Teil der Biologie, der Wissenschaft vom Leben, in besonderem Maße berufen ist, das geistige Leben der Völker grundlegend zu gestalten, daß er eine hervorragende Rolle für die Kultur der Gegenwart spielt oder noch spielen wird, wenn Wissen um seine Ziele und Ergebnisse Allgemeingut wird. Das ist die allgemeine Ökologie." [108]

Die Aufgabe, das kulturelle und geistige Leben zu gestalten, konnte durch angewandte Ökologie nicht bewältigt werden. Zwar kam der angewandten Ökologie im Hinblick auf fischereiwirtschaftliche Nutzung[109], auf abwasserbiologische Forschung[110] und die Ermittlung von Abwasserbeseitigungsmethoden[111] eine eminent praktische gesellschaftliche Funktion zu. Aber die angewandte Ökologie bot doch keine Handreichung dafür an, die Schädigungen gar nicht erst eintreten zu lassen. Wenn die Ökologie auf die Entwicklung nicht nur beständig reagieren, sondern den Lauf der Ereignisse selbst beeinflussen wollte, mußte sie die Gesetzmäßigkeiten der Natur darlegen, die eine konstruktive Gestaltung des Umgangs mit der Natur ermöglichten.

Dazu mußte nicht nur die Fülle der in der angewandten Ökologie vorhandenen Detailkenntnisse in einer allgemeinen Theorie zusammengefaßt, sondern auch ein wissenschaftlich-methodisches Konzept erstellt werden. Eine solche allgemeine Ökologie

---

107) THIENEMANN 1959,74
108) THIENEMANN 1956,35
109) KNAUTHE 1907
110) KÖNIG 1887
111) DUNBAR 1954

gab es, sieht man von programmatischen Entwürfen z.B. HAECKELS ab, zu THIE-NEMANNs Gründerzeiten nicht. Allgemeine Einsichten über Naturhaushalt und Naturganzheit standen nicht im Mittelpunkt einer biologischen Theorie, sondern führten ein Randdasein in philosophisch oder pädagogisch orientierten Kreisen der Wissenschaft. Dabei stieß THIENEMANNs Plan zur allgemeinen Ökologie innerhalb der Biologie keineswegs auf allgemeine Zustimmung. Sie wurde von bekannten Biologen wie Max HARTMANN sogar als eigene Disziplin abgelehnt.

Eine zusätzliche Schwierigkeit, der die Ökologie begegnete, bestand darin, daß unter den Mitstreitern für eine allgemeine theoretische Biologie eine Vielfalt von Vorstellungen vorherrschte, in der und auch gegen die die Ökologie sich erst zu bewähren hatte. Die Ökologie sah sich also in ihren Anfängen - die weiteren Ausführungen belegen dies hinlänglich - mit den verschiedensten Widersachern konfrontiert. Diese Durchsetzungsphase ist ein Teil ihrer Entstehungsgeschichte.

4.2. Kritische Selbstreflexion der biologischen Wissenschaftler im Hinblick auf den Sinn der Wissenschaft: Theoretische Biologie

Die Wissenschaftlergemeinde von Gleichgesinnten, aus der die Ökologie hervorging, hatte sich unter dem Titel der "Theoretischen Biologie" zusammengefunden. Als Publikationsorgan, in dem die grundlegenden Ansichten formuliert wurden, fungierte die Reihe "BIOS - Abhandlungen zur theoretischen Biologie und ihrer Geschichte, sowie zur Philosophie der organischen Naturwissenschaften". Zu den Wissenschaftlern, die neben THIENEMANN innerhalb der "Theoretischen Biologie" Einfluß auf die Entwicklung der Ökologie nahmen, zählen DRIESCH, WOLTERECK, UEXKÜLL, BERTALANFFY, FRIEDERICHS, BROCK, PETERSEN, ALVERDES, MEYER, DOFLEIN.

Die Bezeichnung "Theoretische Biologie" ist kein Pleonasmus - wenn auch jede Wissenschaft theoretisch ist. Der Terminus "Theoretische Biologie" stand vielmehr für das Programm, die naturwissenschaftliche Erklärung durch eine wissenschaftliche Deutung der Biologie und der lebendigen Natur im Hinblick auf ein sinngebendes Telos zu ergänzen[112] oder, in der Formulierung MEYERs[113], durch ein erkenntnisleitendes Prinzip ein *Ideal* der Erkenntnis zu finden.

Die Entwicklung der "Theoretischen Biologie" setzte mit einer selbstkritischen Reflexion über die rein technische Anwendung naturwissenschaftlicher Erkenntnis ein. Die bislang unbestrittene Nützlichkeit von empirischer Wissenschaft und Technik war

---

112) BERTALANFFY 1932
113) MEYER 1934

durch die negativen Folgen, die sie an Natur und Mensch zeitigte, zweifelhaft geworden[114].

"Analysierendes Denken, induktive kausalanalytische Beurteilung eines Naturvorganges ist der Wesenszug der Naturforschung der letzten Jahrzehnte, und sie hat der Technik ihren Siegeszug - zum Wohl *und* zum Wehe der Menschheit - ermöglicht". [115]

Die kulturkritische Haltung war nicht frei von einer gewissen Ambivalenz gegenüber der Wissenschaft selbst; einer Ambivalenz, die auch wichtige Teile der Kritik der "Theoretischen Biologen" am herrschenden Zeitgeist auszeichnete. So führte beispielsweise ALVERDES[116] die negativen Zeiterscheinungen auf Individualisierung und Intellektualisierung zurück, worunter er die mangelnde Ausgeprägtheit der "leiblich-seelischen Totalität", die Überbetonung einer intellektuell-individualistischen Denkweise, die einer nur zerlegenden und atomisierenden Betrachtungsart das Wort redete, verstand. Dieser "Geistlosigkeit" der Wissenschaft, die durch die Zersplitterung der Einzelbereiche hervorgerufen worden war, sollte durch ein fächerübergreifendes Weltbild als forscherisches Ideal begegnet werden. Deutlich wird die ambivalente Haltung nun daran, daß ALVERDES im Überwiegen naturwissenschaftlich betriebener Biologie gar einen drohenden Vorboten von Anarchie und Untergang des abendländischen Kulturkreises erblickte. FRIEDERICHS argumentierte gegen die "Geistfeindlichkeit" einer "aphilosophischen Tatsachenforschung".

Der an die empirische Wissenschaft gerichtete Vorwurf der Atomisierung der Gegenstandsbereiche unterstellte so nun allerdings ein Wissen von dem vermißten übergreifenden Zusammenhang, ohne diesen selbst jemals in klarer Weise an- und auszusprechen. Was heute rückblickend so klar scheint, daß nämlich dieser übergreifende Zusammenhang nichts anderes sein kann als ein Inbegriff ökologischer Gesetzmäßigkeiten, kann so den vitalistischen und holistischen Kulturkritikern nicht einfach untergeschoben werden. Bei ihnen gerät die beschworene Ganzheit, die gerne auch mit den Attributen "Geist" und "Leben" bedacht wurde, vielmehr tendenziell in *Gegensatz* zur wissenschaftlichen Forschung, die paradoxerweise, jedoch konsequent, dann als ungeistig erschien.

In wissenschaftlicher Hinsicht leitete diese Abkehr von der Dominanz einzelwissenschaftlicher Forschung eine Revision des Erkenntnisbegriffs dahingehend ein, daß nicht mehr die Erkenntnis der Einzeltatsachen, sondern eines größeren Zusammenhangs vorbildhaft wurde. Als Korrektiv gegen die Dominanz einzelwissenschaftlicher Forschung diente die Ahnung eines übergeordneten Zusammenhangs, der innerhalb der Biologie als "Leben" bezeichnet wurde. Analog dazu hatte auch die Lebensphilo-

---

114) FRIEDERICHS 1937,5
115) THIENEMANN 1951,580
116) ALVERDES 1935

sophie, die sich vom Verstand als dem Erkenntnismittel ab- und dem Irrationalem und Gefühlsmäßigen zuwandte, in dieser Phase Anhänger gefunden[117]. In methodologischer Hinsicht wurde der Versuch von Vitalismus und Holismus, die vereinzelten Glieder der Natur in einer Wissenschaft vom Leben zusammenzufassen, durch die Systemphilosophie N. HARTMANNs flankiert, die von WOLTERECK[118], FRIEDERICHS[119], BURKAMP[120], ebenso wie von Max HARTMANN[121] aufgenommen wurde. Auch THIENEMANN hatte während seiner Studienzeit nicht nur Philosophie studiert, sondern sogar seine Habilitationsschrift über ein naturphilosophisches Thema abgefaßt[122].

In dieser Hinwendung zur noch irrational gefaßten Ganzheit des Lebens knüpfte die "Theoretische Biologie" an naturphilosophische Traditionen an. Der Neovitalismus[123] setzte eine naturphilosophische Tradition fort, die eine substantielle "vis vitalis" als alles Lebende hervorbringende Urkraft postulierte. Die Ablösung des Vitalismus durch den Holismus, der die philosophisch-methodische Grundlage zur Ökologie lieferte, bedeutete auch eine Abkehr von metaphysischen Fragen in der "Theoretischen Biologie". So dürfte auch die Entwicklung der Ökologie von der holistischen Anschauung zur wissenschaftlichen Disziplin als Selbstbefreiung der "Theoretischen Biologie" aus ihrer metaphysischen Umklammerung zu deuten sein.

Die Ordnung des Lebendigen wurde zunächst noch als innerer Regulator des *Organismus* selbst gedacht. Zum zweiten wurde die innere Harmonie des Lebendigen als *Verhältnis* von Umwelt und Organismus entworfen. Erst im Holismus wird die Identität, die Einheit von Umwelt und Organismus, erfaßt, d.h. die *Zusammenhänge* in der Natur selbst bilden deren inneren Zusammenhang ab. Damit wird die Erforschung der wirklichen Natur identisch mit der Erforschung des Natur-Ganzen.

4.3. Erste Konsequenzen der Theoretischen Biologie: Der Sinn in der Natur liegt im Organismus

4.3.1. Vitalismus

In Anlehnung an die romantische Naturphilosophie rückte innerhalb der Theoretischen Biologie das sog. Vitalismus-Problem wieder in den Mittelpunkt des wissenschaftlich-philosophischen Interesses. Allgemein läßt sich der Vitalismus als biophilo-

---

117) GLOCKNER 1968
118) WOLTERECK 1932,1940
119) FRIEDERICHS 1954
120) BURKAMP 1929,1938
121) HARTMANN, M. 1948
122) THIENEMANN 1909
123) WUKETITS 1983

sophische Auffassung kennzeichnen, die besagt, daß dem lebenden Organismus eine besondere Kraft, ein spezifischer Lebensfaktor zugrunde liegt, dem innerhalb der Wissenschafts- und Philosophiegeschichte verschiedene Bezeichnungen zukamen[124]. Die Begriffe "Entelechie" bei ARISTOTELES, die "Lebenskraft" bei J.P. MÜLLER, der "Funktionskreis" UEXKÜLLs und das "Psychoid" bei DRIESCH meinten einen durchaus ähnlichen Inhalt, wenngleich die Konzeptionen verschieden waren[125].

Zu den wichtigsten Vertretern des Vitalismus zählen für den uns interessierenden Zeitraum Jakob von UEXKÜLL und Hans DRIESCH. Ihnen ging es vor allem darum, die tiefere Sinnhaftigkeit der Biologie dadurch zu beweisen und zu befestigen, daß sie die Frage nach dem Lebendigen als autonomem Gegenstand zu beantworten suchten und dabei gegen eine Anschauung opponierten, die sie Mechanismus nannten. Eine Kontroverse, die auch in moderner Zeit aktuell ist, wie beispielsweise die Arbeiten von Francis CRICK[126] oder Jacques MONOD[127] zeigen.

"Diese 'Mechanismus-Vitalismus-Kontroverse' kennzeichnet die gesamte Geschichte der Biowissenschaften und ist gleichsam der rote Faden in der philosophischen Diskussion der Lebensproblematik seit über zwei Jahrtausenden."[128]

Die vitalistische Frage nach der Autonomie des Lebendigen zielte darauf, den Urgrund, die Ursache des Lebendigen schlechthin zu verstehen. Diese Frage nach der "Autonomie des Organischen" hob allerdings auf einen Gegenstand ab, der in der Denkart eigentlich nicht Gegenstand der wissenschaftlichen Biologie war. Denn DRIESCH fragte danach, was das Lebendige gerade *getrennt* von allen seinen Erscheinungsweisen, mit denen sich die wissenschaftliche Biologie beschäftigte, ausmachte. Gerade weil dem Phänomen, dem DRIESCH nachspürte, keine bestimmte Erscheinungsweise zukam, geriet er dann in die Schwierigkeit, das *Eigentliche* des vitalistischen Grundproblems herausarbeiten zu müssen, ohne es an einem speziellen Inhalt selbst dingfest machen zu können. Daher wählte DRIESCH, um den Inhalt des vitalistischen Grundproblems vor Augen zu führen, den Vergleich von totem und lebendem Organismus.

---

124) WUKETITS 1983
125) WUKETITS 1983, MEYER-ABICH 1989
126) CRICK 1970
127) MONOD 1977
128) WUKETITS 1983,37

"Unterscheiden sich Leiche und Lebendiger nur durch den Grad der Komplikation auf dem Boden *ein und derselben Art* des Grundgeschehens, oder *fehlt* beim Geschehen an der Leiche ein grundlegender Faktor dynamischer Art, der im Lebendigen wirksam war?"[129]

Damit hatte er die Problematik nur auf eine andere Ebene verschoben. Denn aus dem Vergleich von Lebendigem und Totem läßt sich die Bestimmung des Lebendigen schlechterdings nicht gewinnen, weil das Nicht-Mehr-Vorhandensein von Lebendigem, wie es bei Totem und auch Anorganischem, z.b. dem Gestein, gleichermaßen der Fall ist, keinen Rückschluß auf das Lebendige selbst erlaubt.

Der Vergleich DRIESCHs wird durch die Unterstellung sinnfällig, daß das tertium comparationis von lebendigem und totem Organismus der Organismus ist - einmal als lebender, zum anderen Male als toter. Also, so DRIESCHs Vermutung, muß es eine *Kraft* geben, die diesen in Materie gegossenen Funktionsträgern ihre *Funktionalität*, die sie beim Leichnam nicht mehr haben, einhaucht.

Damit aber setzte sich das Problem fort: Wenn aus dem Nichtmehrvorhandensein des Lebens auf seine Bestimmung zurückgeschlossen werden sollte, dann konnte die Kategorie des Lebendigen, wie DRIESCH sie gedacht hatte, auch nicht untersucht werden. Denn an der Leiche war sie geschwunden, und am Lebendigen ging sie in der Materie des Lebendigen auf.

Weiterhin implizierte die Frage nach dem Verbleib der "Individualportion des Vitalen" nach dem Tode, daß das Lebendige mit dem Organismus nicht zusammenfällt, sondern als spezielle, besondere Eigenschaft des lebenden Organismus diesem erst zufließen mußte. Damit galt DRIESCH jeder Organismus einerseits als Identität seines Funktionierens mit ihm selbst, wobei andererseits die beiden Momente keineswegs identisch waren. Ein Beispiel zu dieser theoretischen Konstruktion erläuterte DRIESCH am Verhältnis von Bewegungsabläufen und Nervenleitungen. Hier stellte er fest, daß Nervenleitungen den Bewegungsablauf nicht festlegen. Tiere, denen bestimmte Teile ihres Nervensystems entfernt worden waren, waren zu bestimmten Bewegungsabläufen fähig. DRIESCH zog daraus den Schluß, daß überhaupt kein Zusammenhang von Nervenleitungen und Bewegungen bestünde und ging davon aus, daß die Identität von organischen Prozessen und Handlungen nicht durch die Determination von Nervenimpulsen hergestellt werden kann. Damit aber hatte sich DRIESCH ein unauflösbares Problem geschaffen: Denn da er von der Identität der Nervenleitungen und Handlungen ausging, letztere aber nicht Wirkung der Nervenleitungen waren, so mußte er innerhalb seines Denkens eine *Kraft* postulieren, die die Bewegungen her-

---

129) DRIESCH 1935,7

vorbrachte, ohne auf das Nervensystem selbst als Erklärungsmoment zurückgreifen zu können.

Eine Verallgemeinerung des Gedankens, das Lebendige sei eine der Funktionsweise des Organismus hinzukommende Eigenschaft, stellt sich in einem Topos dar, der die Vitalismus-Mechanismus-Diskussion durchzog: Aus dem Vergleich von Maschine und Organismus sollte die Qualität des Lebendigen ermittelt werden.

Sowohl der Organismus wie die Maschine stellen ein funktionelles System dar. Aber der Organismus lebt, die Maschine bedarf der Energiezufuhr, der Führung etc. Aus dem angestellten Vergleich erschloß DRIESCH, daß die "Organismusmaschine" eine zusätzliche Eigenschaft haben muß, die sie von einer Maschine in den Rang eines Lebewesens erhebt. Konsequenterweise postulierte DRIESCH ein Gesetz des Organischen, anhand dessen er Maschine und Organismus unterschied: Er nannte den Organismus das äquipotentiell-harmonische System. Dieses der Entwicklungsbiologie entnommene Bild besagte, daß der Organismus über einen selbständigen Ausführungsregulator verfügt, der den Organismus zum Leben erweckt. Damit aber hatte DRIESCH letztlich einen Träger des Lebendigen postuliert, der dieses als Ausdruck der Organisation des Lebens selbst faßte, ohne aber selbst einen Inhalt anzugeben, was das Lebendige nun wiederum sei.

4.3.2. Die Ordnung der Natur als Verhältnis der subjektiven Umwelt zum Organismus: Die Funktionskreise UEXKÜLLs

Die Theorie des zweiten Klassikers des Vitalismus, Jakob von UEXKÜLL, stellt einen Fortgang im Hinblick auf die Ökologie dar. UEXKÜLL faßte die Steuerungsinstanz des Organismus nicht als Bestandteil des organischen Individuums selbst, sondern als Resultat des Verhältnisses von Umwelt und Subjekt. Parallel zur Auffassung DRIESCHs galt auch ihm das Lebendige als Ausführungsorgan eines Plans[130]. Doch ist dieser Plan keine dem Organismus innewohnende Qualität, sondern Ausdruck einer dem einzelnen Organismus innewohnenden Kraft, die seine Handlungen ins Leben ruft.

Wie DRIESCH hatte auch Jakob von UEXKÜLL seinen Begriff des Lebendigen in Abgrenzung zur Physiologie gewonnen. Im Unterschied zu DRIESCH, der bei der Entwicklungsphysiologie modellhaft Anleihen nahm, war UEXKÜLL von der Sinnesphysiologie, d.h. von den Organen, mit denen sich der Organismus in der Umwelt orientiert, ausgegangen. Dabei stellte sich UEXKÜLL die Frage nach dem Verhältnis von subjektiven Sinnesreizen und organischen Vorgängen im Gehirn.

---

130) PETERSEN 1937,1

> "In welchem Verhältnis stehen unsere Empfindungen zu den Vorgängen im
> Gehirn?"[131]

Zur Beantwortung dieser klassischen Frage nach dem Verhältnis von Leib und Seele hatte UEXKÜLL zwar schon die Psychologie wie die Physiologie herangezogen, die Antworten, die die beiden Wissenschaften gaben, aber gleichermaßen für untauglich befunden. Denn während sich mithilfe der experimentellen Physiologie nur die Nervenerregungen ableiten ließen, war die Psychologie beim tierischen Organismus wiederum nicht in der Lage, den Inhalt der Empfindungen der Tiere zu bestimmen, da diese Empfindungen vom menschlichen Gemüt nicht nachvollziehbar, weil eben nicht empfindbar, waren.

Das einzige objektiv Feststellbare waren bestimmte Reaktionen, die ein tierischer Organismus auf bestimmte Stimuli hin äußerte. UEXKÜLL lehnte dabei die Antwort des Behaviorismus ebenso ab wie die einer Tierpsychologie, die von der Existenz einer metaphysischen Tierseele ausging. Wie sich Empfindung und Nervenerregung zueinander verhielten, konnte aufgrund des Versagens der Physiologie wie der Tierpsychologie nur mithilfe eines biologischen Modells gelöst werden. Denn nur "die Biologie behandelt die Lebewesen als Subjekt, die Physiologie behandelt sie als Objekt"[132]. Der Subjektivität eines tierischen Organismus konnte die Biologie, nach UEXKÜLL, nur gerecht werden, wenn sie dieselbe als Verhältnis zur Umwelt faßte, von der sie umgeben wurde.

> "Das Lebewesen als Subjekt gefaßt, bildet den Mittelpunkt seiner Umwelt,
> die es gemäß seinen subjektiven Fähigkeiten mit objektiven Fähigkeiten
> ausstattet."[133]

Mit Umwelt meinte UEXKÜLL jedoch nicht all das, was den Organismus umgab und objektiv auf diesen eine Wirkung ausübte, also nicht Umwelt im ökologischen, sondern im psychologischen Sinn. Zur Umwelt eines Organismus zählte nur das, was der sinnesmäßigen Ausstattung, die von Organismus zu Organismus variierte, zugänglich war. Die zugrunde liegende Vorstellung UEXKÜLLs war, daß bei unterschiedlichen Sinnesapparaten sich auch für den Organismus ein gänzlich anderes "Bild" der Welt, UEXKÜLL nannte sie Merkwelt, ergeben mußte. Der Umweltbegriff UEXKÜLLs war also ganz der Subjektivität verhaftet.

> "Der Inhalt der Umwelten ist bedingt durch die hinausverlegten Sinnes-
> oder Merkzeichen. Je nachdem ein Tier besonders ausgebildete Tast-, Ge-
> ruch-, Geschmacks- oder Sehorgane besitzt, füllt sich die Umwelt mit Tast-,

---

131) UEXKÜLL 1980,102
132) UEXKÜLL 1980,122
133) UEXKÜLL 1980,122

Geruchs-, Geschmacks- oder Sehdingen. Die wirkliche Gliederung der Sehdinge zu Gegenständen aber geschieht erst durch die Handlungen, die das Subjekt mit ihnen vornimmt." [134]

So brachte also die organismische Ausstattung eine je spezielle "Wirkwelt" hervor, d.h. die Organe bestimmten den Spielraum der Bewegungen eines menschlichen oder tierischen Subjekts und prägten damit die Umwelt, die als Merkwelt wiederum auf sie einwirkte. Somit war das Verhalten des Organismus durch seine physiologische Ausstattung geprägt, oder anders gesagt: vermittels der Umwelt prägte der Organismus im Handeln sich selbst. Der Regulatormechanismus DRIESCHs war hier als sich selbst regulierendes System von Umwelt und Handeln bestimmt.

Jede Handlung eines tierischen Subjekts erklärte sich damit als Funktionskreis, den UEXKÜLL als Zusammenschluß physiologischer Grundlagen des Handelns und psychischer Zustände ansah: Über die Sinnesorgane, die auf bestimmte Eigenschaften des Objekts abgestimmt sind, werden diese Eigenschaften, die als Merkschema im Individuum vorliegen, zu Merkmalsträgern des Subjektes. Das Merkschema induziert im zentralen Wirkorgan ein komplementäres Wirkschema, das mithilfe von Impulsen die ausführenden Organe des Tieres - seine Effektoren - in Tätigkeit setzt und dem Objekt ein Wirkmal erteilt, wodurch dieses zum Wirkmalsträger des Subjektes wird. Damit war der Organismus als Subjekt sozusagen die Rolle des Schöpfers der Umwelt aufgrund seiner Beschaffenheit ein, und damit war für UEXKÜLL die "Planmäßigkeit in der Natur, die Subjekte und Objekte gleichermaßen umfaßt"[135], verbürgt. Subjekt und Umwelt bildeten ein planvolles Ganzes. So war jedes Tier Ausführungssubjekt eines ideellen Plans, der es zugleich selbst war[136].

Wenn WEBER[137] und BROCK[138] an UEXKÜLLs Konzeption im folgenden kritisierten, daß in dieser der Umweltbegriff subjektivistisch gefaßt war, d.h. daß er alle von den Merkorganen ausgenommenen Umgebungsbestandteile ausschließt bzw. sie zu psychologisch dachte, dann ist dem hinzuzufügen, daß UEXKÜLLs solipsistischer Umweltbegriff[139] zwischen Umwelt und Vorstellung, wie auch immer sie geartet und vermittelt sein mag, letztlich nicht mehr zu unterscheiden vermochte und gleichwohl auf dieser Unterscheidung beruhte. Denn wenn UEXKÜLL von verschiedenen, für das jeweilige Subjekt spezifischen Umwelten sprach, mußte er eine Objektivität der Umwelt unterstellen, die erst verschiedene Vorstellungen möglich machte. Zugleich gab

---

134) UEXKÜLL 1980,123
135) UEXKÜLL 1980,276
136) PETERSEN 1937,1
137) WEBER 1937,97ff
138) BROCK 1934,467 ff
139) UEXKÜLL 1980,95

es innerhalb UEXKÜLLs Modell für jeden Organismus, auch für den menschlichen, immer nur eine entsprechende Umwelt.

THIENEMANN[140] hatte im weiteren UEXKÜLLs Umweltbegriff als zu eng befunden, da UEXKÜLL alle Umweltverhältnisse ausklammerte, die sich im Funktionskreis nicht als Element subjektiven Empfindens niederschlugen.

4.4. Der Holismus

Die von WUKETITS angesprochene Kontroverse zwischen Vitalisten und Mechanisten wurde von anderen Biologen als metaphysisch[141] und daher weitgehend als nicht weiter zu verfolgende behandelt. Dies wohl auch deshalb, weil die Kritik der Vitalisten am "Mechanimus" mit einer Kritik an der wissenschaftlichen Physiologie und Biologie überhaupt identisch wurde. Dies hat seinen Grund darin, daß der Vitalismus vom Postulat des Lebens als jenseits der Physiologie liegend jegliche wissenschaftliche Biologie mit bloßer Weltanschauung gleichsetzte, insofern sie das vitalistische Zentralproblem nicht greifbar machen konnte. Die Kontroverse beruhte allerdings auf einem Mißverständnis der Vitalisten. Denn wenn beispielsweise Physiologen, wie z.B. HERTER, die Aufgabe der Physiologie vorwiegend darin sahen, das Leben "auf physikalisch-chemische Vorgänge zurückzuführen"[142], dann drückten sie damit eigentlich nur aus, daß zur Erklärung physiologischer Stoffkreisläufe die Kenntnis von chemischen und physikalischen Gesetzmäßigkeiten heuristisch wertvoll ist, jedoch nicht, daß die Wissenschaft vom Leben letztlich in Physik oder Chemie aufgeht.

Zu den holistischen Autoren, die "die Auflösung des Gegensatzes Mechanismus-Vitalismus im Holismus, der beide als Halbwahrheiten zu einem größeren Ganzen zu vereinigen sucht"[143], anstrebten, gehörten neben THIENEMANN Adolf MEYER[144], Friedrich ALVERDES[145], Karl FRIEDERICHS und der von THIENEMANN ebenfalls sehr geschätzte Ludwig von BERTALANFFY[146], wobei BERTALANFFY, vor allem in späteren Jahren, eine systemtheoretisch orientierte Wissenschaftskonzeption entwickelte, mit der er die organismische Vorstellung des Holismus hinter sich ließ und den Fortgang zur Ökosystemforschung mitgestaltete. Wir wollen uns für die weitere Darstellung an WUKETITS`[147] Unterscheidung zwischen metaphysischem Holismus und systemtheoretisch begründeten Holismus halten.

---

140) THIENEMANN 1956,8
141) HESSE/DOFLEIN 1910,18; SIMPSON 1963,24
142) HERTER 1950,5
143) FRIEDERICHS 1937,54
144) MEYER 1934
145) ALVERDES 1935
146) BERTALANFFY 1932
147) WUKETITS 1983

4.4.1. Der metaphysische Holismus

Den Versuch, "Ableitungsmöglichkeiten zwischen physikalischen und biologischen Theorien auf der biologischen als der komplexeren Seite"[148] zu finden, unternahm MEYER. Er versuchte in Anlehnung an SMUTS[149] und HALDANE[150], die Zersplitterung von empirischer Einzelwissenschaft und einem den Gesamtzusammenhang greifenden Gesichtspunkt durch eine methodologische Gleichsetzung von Physik und Biologie zu überwinden.

Das Mangelhafte dieser methodologischen Überwindung schlug sich in einer theoretischen Bestimmung des Organischen nieder, die allein die *Komplexität des Organischen* hervorhob, so daß bei MEYER jeder genuin *biologische* Gehalt dem "Vereinigungsbestreben" zum Opfer fiel. Dies ist von MEYERs Ausgangspunkt her konsequent. Denn wenn MEYER in Absehung allen Inhalts, der der Physik und der Biologie zukommt, auch in Absehung dessen, was den Inhalt der Kontroverse Vitalismus und Mechanismus ausmacht, einen gemeinsamen Nenner suchte, dann konnte dieser gemeinsame Nenner nur in einer Abstraktion bestehen, in der die an und für sich schon abstrakten Gesichtspunkte aufgehoben sind. MEYERs Holismus war noch ganz von der Absicht getragen, zwei abstrakte, gegensätzliche *Auffassungen* in einer gemeinsamen Auffassung zusammenzufassen und nicht von der Gesamtheit der Lebensvorgänge auszugehen. Ihm galten Physik und Biologie nicht als sich auf verschiedene Gegenstandsbereiche einer Gesamtnatur beziehende wissenschaftliche Disziplinen, sondern als weltanschaulich begründete Denkweisen.

Der andere Weg des Holismus zu einer Auffassung, der die Erkenntnis von der Einheitlichkeit der Natur anstrebte, wurde von THIENEMANN und FRIEDERICHS begangen. Sie nannten die Wissenschaft, die Gesamtheit des Lebens zu begreifen, Ökologie. In der Literatur ist hierfür auch die Bezeichnung organismische oder organizistische Biologie gebräuchlich, als deren Hauptvertreter zumeist nur BERTALANFFY[151] angeführt wird.

Zwar war auch bei ihnen der Ausgangspunkt der Einspruch gegen einen Wissenschaftsbetrieb, der durch Vereinzelung und Subjektivismus gekennzeichnet war.

> "Ich bin der Überzeugung, daß wir nur dann das Einzelgängertum einer zum Teil erst hinter uns liegenden Periode der Wissenschaft voll überwinden und zu einheitlichem Verstehen der Welt gelangen, wenn wir die Natur als großes, in sich geordnetes und doch in steter Bewegung befindliches, harmonisches Ganzes auffassen."[152]

---

148) MEYER 1934,55
149) SMUTS 1938
150) HALDANE 1932
151) BERTALANFFY 1973; TASCHDADJAN 1976
152) THIENEMANN 1956,10

Aber der organizistische Holismus blieb nicht in der weltanschaulich methodologischen Weltbetrachtung MEYERs stecken, sondern er wandte sich der realen Natur selbst zu.

4.4.2. THIENEMANNs Grundlegung der allgemeinen Ökologie aus der holistischen Einheit von Natur und Mensch und deren psychologische Präsenz im Naturgefühl

THIENEMANN teilte mit FRIEDERICHS die Ansicht, daß die Natur ein Ganzes bildet. So gibt eine Notiz, die FRIEDERICHS am 16.März 1939 an THIENEMANN sandte - sie ist im Plöner Max-Planck-Institut für Limnologie archiviert - Aufschluß über die Problemstellung, deren Lösung sich THIENEMANN zur Aufgabe gemacht hatte.

> "Philosophisch kann heute von einer Einheit der Gesamtnatur gesprochen werden, ist immer davon gesprochen worden, naturwissenschaftlich aber ist es noch nicht so weit." [153]

THIENEMANNs historische Aufgabe innerhalb der holistischen Denktradition ist es nun gewesen, die holistische Philosophie auf eine wissenschaftliche Grundlage zu stellen. Im Unterschied zur heutigen Ökologie, die auf eine bereits ausgebildete Begründung der Wissenschaft argumentativ zurückgreifen kann, befand sich THIENEMANN in einer historischen Situation, in der die ökologische Naturanschauung weit davon entfernt war, wissenschaftliche Anerkennung und Reputation zu genießen. Tatsächlich muß man sogar zugeben, daß der historische Ursprung der ökologischen Wissenschaft als eines neuen "Paradigmas"[154] wenigstens zu einem Teil auch durch eine weltanschaulich-psychologische Einstellung mit bedingt war, die ihm gleichsam als Katalysator gedient hat und ohne die er so wohl nicht hätte stattfinden können. Zwar ist THIENEMANN, wie die gesamte moderne Ökologie, weder aus dem Buddhismus noch aus dem Denken Lao-Tses[155] wirklich zu begreifen. Aber fruchtbar ist hier E.J. FITTKAUs Hinweis auf das Verhältnis von THIENEMANN zu Robert LAUTERBORN:

> "In Lauterborn fand er (THIENEMANN, G.S.) einen Lehrer und Menschen, der von einer tiefgründigen Liebe zur Natur durchdrungen war, der ihn, im Gegensatz zu seinem Doktorvater (gemeint ist der Greifswalder Professor für Zoologie G.W. MÜLLER, G.S.), bei dem er den Einzelorganismus in seinem Lebensraum und mit seinen Strukturen entdecken gelernt

---

153) FRIEDERICHS am 16.März 1939 an THIENEMANN - Die Karte ist im Plöner Max-Planck-Institut für Limnologie archiviert, und findet sich dort im Nachlaß mit persönlichen Notizen und Briefen.
154) Zur Theorie des Paradigmenwechsels siehe KUHN 1976
155) LEPS 1980

hatte, lehrte, die Ganzheit der Schöpfung zu sehen, die Landschaft mit ihrer
'Vegetation, Tierwelt und dem Menschen, in die jeder Einzelorganismus
und alles Einzelgeschehen eingegliedert ist." Lauterborn ist es gewesen, der
ganz wesentlich die Naturanschauung, wir können auch sagen, die
'Weltanschauung' Thienemanns mitgeprägt hat, aus der heraus später seine
ökologischen Erkenntnisse wachsen konnten, die heute unser ökologisches
Denken und Handeln so selbstverständlich mitbestimmen. Thienemann
konnte die Begeisterung Lauterborns an der Natur und seine Heimatliebe
voll teilen, beide waren in hohem Maße wesensverwandt. (...) Diese Erleb-
nisfähigkeit scheint ihm unerschöpfliche Kraft für sein unermüdliches
Schaffen vermittelt zu haben."[156]

Mit diesem Hinweis korrespondiert THIENEMANNs eigenes Bekenntnis zu GOETHEs romantischem Naturideal[157], von dem er nachhaltig beeindruckt war. Zu berücksichtigen ist hier auch der Befund LINSEs, demzufolge die romantische Jugend- und Wandervogelbewegung mit der Entstehung der ökologischen Naturanschauung in engem Verhältnis steht[158]. Für THIENEMANN selbst bestand kein Zweifel an der Entstehung des ökologischen Denkens aus der Heimatverbundenheit des Biologen.

"Wirkliches Verständnis für die lebende Natur kann nur der gewinnen, der
in seiner Forschung nicht nur mit nüchternem Verstande arbeitet; es muß
ihn auch ein tiefes Naturgefühl, eine tiefe Liebe zur heimatlichen Natur
durchglühen."[159]

Das Naturgefühl gilt THIENEMANN als das das wissenschaftliche Denken leitende Korrektiv, das eine Ahnung vom Naturzusammenhang vermitteln soll, um dessen wissenschaftliche Erforschung es geht. Es ist als die die Gedankenführung bestimmende Leitlinie richtigen biologischen Denkens gemeint.

Dieser Begriff des Naturgefühls ist der Ausgangspunkt der wissenschaftlichen Reflexion. *Naturverstehen* bezeichnet den Aneignungsprozeß, die zunächst nur gefühlte Einheit der Natur wissenschaftlich greifbar zu machen. So hat die wissenschaftliche Reflexion die Einheit als Gefühl zum Ausgangspunkt und die verstandesmäßig durchdrungene Einheit als Zielpunkt.

Naturverstehen bedeutet damit den geistigen Nachvollzug der inneren Einheit der Natur. Es ist, im Unterschied zur einzelwissenschaftlichen Kausalanalyse, gleichbedeutend damit, die tiefere Vernunft der Natur zu ergründen. Das Naturverstehen hat im Entdecken und Darstellen eines inneren vernünftigen Zusammenhangs - etwas in sich Harmonischen, oder wie THIENEMANN es ausdrückt, "einer Wohlgeordnetheit" - seinen wissenschaftlichen Ausdruck.

---

156) FITTKAU 1982
157) THIENEMANN 1950a,1
158) LINSE 1986
159) THIENEMANN 1959,38

"Schon damals regte sich in mir im Unterbewußtsein wohl ein Ahnen von dem, was mir in späteren Jahren zur festen Überzeugung geworden ist: der naturverbundene Biologe kann wahres Verständnis auch für das kleinste Teilgeschehen in der Natur nur gewinnen, wenn er den Blick für das Ganze nie verliert, wie er auch anderseits (WAGGERL hat es einmal so ausgedrückt) 'vergeblich das Ganze zu gewinnen sucht, wenn er es nicht schon in seinem geringsten Teile begreift'. Daher wird ihm die Landschaft so wichtig, die Landschaft als Ganzes."[160]

THIENEMANN beschreibt sehr eindringlich, wie sich dieses Naturverstehen in eine für die Biologie notwendige Betrachtungsweise übersetzt, wie sich also aus einem Naturverständnis, das sich zunächst ganz außerhalb einer wissenschaftlichen Naturerklärung zu bewegen scheint, eine Methode erschließen läßt, durch die Natur in ihrer Gesamtheit erklärbar wird. Die ganzheitliche Schau faßte Lebensgemeinschaften als organismenähnliche Einheiten, denn bei Lebensgemeinschaften "erhalten die Teile vom Ganzen her besondere Eigenschaften, die sie verlieren, wenn sie aus dem Ganzen herausgelöst werden"[161], und sie sind damit "eine organische Individualität höherer Stufe, gleichsam ein Organismus zweiter Ordnung. Man mag das nur bildhaft verstehen oder ihm einen tieferen Sinn unterlegen: Die Eigenart der Einheit 'Lebensgemeinschaft' tritt durch diesen Vergleich mit dem Einzeltier oder der Einzelpflanze wohl auch dem Laien anschaulich hervor!"[162] Die Analogie mit dem Organismus weist zum ersten Mal auf die ökologische Eigenschaft hin, die der Natur als Ganzes zukommt: Sie erhält sich selbst.

Von dieser ganzheitlichen Betrachtungsweise aus gewinnen alle Naturgegenstände eine neue, in dieser Konsequenz bisher nicht gedachte Dimension. Nimmt man THIENEMANNs ganzheitliche Betrachtungsweise als methodische Maßgabe, so kommt allen betrachteten Naturgegenständen eine zusätzliche Bestimmung zu: Denn sie sind damit sowohl als sich selbst reproduzierendes Ganzes und wie als dieses Ganze reproduzierender Teil zu betrachten, und das machte zunächst ihre wesentliche ökologische Qualität aus. In dieser ganzheitlichen Betrachtung ist also schon der Keim dessen enthalten, was in der modernen Ökosystemforschung als Hierarchie der Systemstufen begriffen wird[163]. Die Differenz zu einer funktionalistischen Ökosystemforschung ist also nicht so groß, wie es zunächst scheinen möchte.

Die Elementarform des holistischen Gedankenmethode ist universell. So ist der See von der ganzheitlichen Methode her ein Ganzes und bildet darin eine Individualität, die aber zugleich immer auch als Teil von und Beitrag zu einer Landschaft zu verstehen ist. Diese Landschaft hinwiederum als Ganzes ist Teil einer Region usw.. Damit hatte THIENEMANN das "Ur-modell" der modernen Ökosystemforschung formuliert.

---

160) THIENEMANN 1959,32
161) ALVERDES 1932,94
162) THIENEMANN 1928c,39
163) STUGREN 1974,16; ODUM 1983,19

Die holistische Auffassung enthält bereits den theoretischen Rahmen, aus dem heraus THIENEMANN die ökologische Seenforschung und die allgemeine Ökologie entwickelt hat[164].

4.5. Der Streit um die Wissenschaftlichkeit der Ökologie

4.5.1. Max HARTMANNs Position der allgemeinen Biologie

Den Versuchen der Holisten, ihrer Position durch eine Wissenschaft der Ökologie innerhalb der wissenschaftlichen Biologie Geltung zu verschaffen und sie als Einzeldisziplin zu etablieren, erwuchs in Max HARTMANN ein hartnäckiger Widersacher.

"Es wird von manchen Biologen immer wieder betont, daß auch die Ökologie, die Lehre von den mannigfaltigen Beziehungen der Lebewesen zu der nichtlebenden Umwelt, in einer allgemeinen Biologie zur Darstellung gelangen sollte. Fraglos handelt es sich bei diesen Beziehungen um wichtige Lebenserscheinungen; denn die Organismen sind ja weitgehend an die ihnen zusagenden Umwelten an- und ihnen eingepaßt. Aber eine systematische Beschreibung und eine den Lebewesen selbst innewohnende Ordnung und Gliederung dieser Beziehungen scheint nicht möglich. Alle derartigen Versuche führen nur zu einer mehr oder minder äußerlichen Gliederung, einer Art Katalogisierung zur bequemen Übersicht, nicht zu einer echten Ordnung, einer Art 'natürlichem System' ökologischer Beziehungen. Wenn sich an irgend einer Gruppe solcher Beziehungen tiefere Einblicke gewinnen lassen, führen sie stets zu rein physiologischen Fragestellungen und Lösungen und können und müssen daher in das immanente physiologische Ordnungssystem eingegliedert werden."[165]

Max HARTMANNs Weigerung, die Ökologie als eigenständige biologische Disziplin anzuerkennen, hat sich historisch nicht durchsetzen können, weil sie auf einem Mißverständnis beruhte. Denn HARTMANN zufolge bestand Biologie ausschließlich in der Erforschung von Vorgängen, die sich am einzelnen Körper abspielen. Biologie erschöpfte sich für ihn in der Erforschung des Stoff- und Energiewechsels, der Reizerscheinungen und des Formwechsels[166]. Trotz dieses "physiologischen" Verständnisses war ihm die Frage nach dem Gesamten des Lebens durchaus geläufig, wenngleich er es physiologisch nicht greifbar machen konnte.

"Jeder Gegenstand enthält einen irrational-metaphysischen Rest. Neben das Irrational-Metaphysische tritt hier ein Irrational-Metaphysisches im Objekt, das Problem der Erkenntnisgrenze."[167]

---

164) THIENEMANN 1956,66
165) HARTMANN,M. 1956,29
166) HARTMANN,M. 1956,6ff
167) HARTMANN,M. 1956,39

HARTMANN hatte nicht gesehen, daß die Ökologie eine Antwort auf die Frage nach dem Gesamten des Lebenden war. Sein "physiologisches" Erkenntnisideal maß die Ökologie an einem formellen Maßstab wissenschaftlicher Vorgehensweise und Methodik, indem es generalisierende und exakte Induktion als wissenschaftliche Verfahrensweisen zum ausschlaggebenden Ingrediens einer gültigen Wissenschaft erhob und konsequenterweise eine Erkenntnis nur gelten lassen wollte, wenn sie auf dem Wege des Experiments zustande gekommen war[168].

Nun ist aber erst am Gegenstand selbst zu entscheiden, ob eine Verfahrensweise - sei sie analytisch oder synthetisch, sei es Experiment oder Beobachtung - angemessen ist. Ist das Experiment in der Physiologie die Verfahrensweise der Wahl, so ist damit nicht ausgemacht, daß alle Naturvorgänge sich über eine experimentelle Vorgehensweise dem Forscher erschließen lassen. Wenn also HARTMANN schreibt,

"Endziel aller naturwissenschaftlichen Forschung ist aber die Aufdeckung von Gesetzeszusammenhängen, und somit erweist sich die exakte Induktion (also das Experiment) als die tiefschürfende und einen höheren Grad von Erkenntnis ermittelnde Methode."[169],

dann trifft dies vorwiegend auf die physiologische Forschung zu, aber keineswegs auf die gesamte wissenschaftliche Biologie. Außer man verbannte aus der Biologie neben der Ökologie noch Morphologie, Anatomie, Systematik, Tiergeographie und andere Teildisziplinen, in denen das Experiment keine herausragende Rolle spielt. Da sich aber HARTMANN nicht gegen das Erkenntnisziel der Ökologie wandte, sondern die Ökologie mit der "physiologischen" Methode konfrontierte, wurde ihm die Ökologie zur bloßen Katalogisierungsdisziplin.

4.5.2. THIENEMANNs Replik: Ökologie ist Wissenschaft

Gegenüber dieser Zurückweisung HARTMANNs beharrte THIENEMANN stets darauf, daß es ihm um den Fortschritt in der Biologie als *Wissenschaft* zu tun war. Daß die ganzheitliche Naturauffassung sich den Kriterien naturwissenschaftlicher Erkenntnis, die nach HARTMANN die Biologie erst in den Rang einer ernstzunehmenden Wissenschaft erhoben, nicht fügte, stellte sie nicht in Gegensatz zur wissenschaftlichen Biologie, sondern bildete deren notwendige naturphilosophische Ergänzung.

"Denn noch ist der Kreis derer nicht klein, die diese Art, die Natur zu sehen, diese ganzheitliche Naturauffassung als Phantasterei erklären, für unwissenschaftlich halten, zum mindesten als Natur*philosophie* bezeichnen, und ablehnen. Gewiß, Naturwissenschaft im Sinne der bekannten Definition KANTs ist das nicht, will es auch nicht sein. Was ich suche, ist nicht Natur*erklärung*, sondern Natur*verständnis*, letzten Endes vielleicht sogar Na-

---

168) HARTMANN,M. 1956,55 ff
169) HARTMANN,M. 1948,132

turdeutung, dazu braucht man aber Einsicht nicht nur in die Kausalzusammenhänge. Wer dies nicht als Natur*wissenschaft* bezeichnen will, kann es Natur*betrachtung* oder auch Natur*schau* nennen; das ist gleichgültig."[170]

Wenn THIENEMANN den wissenschaftlichen Erklärungswert nicht in der Aufdeckung von Gesetzeszusammenhängen erschöpft sah, sondern befand, daß erst im Rahmen einer Deutung der Natur als Ordnung und Ganzheit sich die wirkliche Natur zeigte, dann belegt dies hinreichend, daß kausale Naturerklärung und Deutung nicht im konträren, sondern in einem komplementären Verhältnis zueinander stehen. Die Ökologie wollte die Wissenschaft als Kausalerklärung mit einer ganzheitlichen Sichtweise versöhnen. Dabei sollte die Kausalität der einzelnen Teile durch das Prinzip der Ganzheit zur Anschauung gebracht werden.

Das methodologisch Hochinteressante dabei ist, daß THIENEMANN hier eben diejenige Terminologie verwendet, die Wilhelm DILTHEY prägte, um den entscheidenden methodischen Unterschied zwischen Natur- und Geisteswissenschaft zu kennzeichnen: "Erklären" sei das Verfahren der Naturwissenschaft, "Verstehen" das der Geisteswissenschaft. Das Erklären gehe dabei im wesentlichen induktiv-generalisierend vor, das Verstehen hermeneutisch-individualisierend. Damit sollten die Geisteswissenschaften den Kritikversuchen, die sich einseitig am naturwissenschaftlichen Paradigma orientierten, entzogen werden. Wenn sich nun tatsächlich am Beispiel der Ökologie nachweisen ließe, daß die üblicherweise nur als geisteswissenschaftlich angesehene Kategorie des "Verstehens" in einer naturwissenschaftlichen Disziplin adäquat und fruchtbar nicht nur einsetzbar scheint, sondern de facto bereits eingesetzt wurde, hätte dies weitreichende Folgen für die allgemeine Beurteilung natur- und geisteswissenschaftlicher Methodologie überhaupt.

Der Dreh- und Angelpunkt der Kontroverse aus THIENEMANNs Sicht ist nun nicht, ob mit der wissenschaftlichen Ökologie allein oder nur mit der Kausalforschung wahre Erkenntnisse zu erreichen seien, denn die Ökologie negierte die Physiologie nicht. Vielmehr ging es ihm um den Beweis, daß eine holistische Deutung wissenschaftlicher Ergebnisse wissenschaftliche *Geltung* beanspruchen kann, daß also "Verstehen" und "Erklären" keinen Gegensatz bilden. Daher formulierte THIENEMANN die Zielsetzung der Ökologie auch nicht als alleinige, sondern als zweite Hauptaufgabe der Biologie.

"Und Endziel der naturkundlichen Forschung scheint mir zu sein - nicht wie MAX HARTMANN sagt, 'die Aufdeckung von Gesetzeszusammenhängen', sondern nach Analyse der Einzelnen die Welt als Ordnung und Ganzheit, als Kosmos zu schauen!"[171]

---

170) THIENEMANN 1954a,20
171) THIENEMANN 1934,24

Die Schau der Natur als Ganzes war damit nicht als nachgeordnete geistige Tätigkeit des Biologen zu verstehen, sondern als das letztendliche Erkenntnisziel. Die Ökologie als "die Lehre vom Verhalten der Naturerscheinungen zueinander und dem Verhältnis des Menschen zu ihnen" unterscheidet sich von den Elementarwissenschaften dadurch, daß in ihr "eine neue Fragestellung an den bereits in den Elementarwissenschaften definierten Gegenständen eingeführt (wird). Das ist ihr Besonderes".[172]

Diese neue Fragestellung zieht neue und zusätzliche Bestimmungen und Gesetzmäßigkeiten am Gegenstand Natur und Lebewesen nach sich, die den Inhalt der allgemeinen Ökologie bilden, deren Darstellung nun folgt.

---

172) THIENEMANN 1956

5. Die allgemeine Ökologie THIENEMANNs

Wenngleich in dieser Darstellung die allgemeine Ökologie aus der holistischen Naturauffassung THIENEMANNs entwickelt wird, so ist dennoch zuvor auf den eigentlich selbstverständlichen Umstand hinzuweisen, daß der Entwicklungsprozeß des ökologischen Denkens nicht so abstrakt verfuhr, wie es der gewählte Weg der Darstellung vielleicht suggerieren mag. So ist natürlich auch die Entwicklung des ökologischen Systems THIENEMANNs aufs engste mit der Erforschung der Fauna und Flora, mit Planktonkunde und Hydrobiologie verbunden. Die allgemeine Ökologie hat sich nicht zuerst begrifflich entwickelt, um dann zur Naturbetrachtung überzugehen. Die Abtrennung der Entwicklung der Limnologie von derjenigen der allgemeinen Ökologie trägt dem deduktiv-analytischen Gesichtspunkt der klareren Darstellung Rechnung.

Nun hat die Ökologie nicht alle biologischen Bereiche zur gleichen Zeit in demselben Umfang erfaßt. Wenngleich die Hydrobiologie vor allem im Bereich der limnologischen Forschung die Wegbereiterin der ökologischen Forschungsrichtung zumindest im deutschen Sprachraum darstellte, so war die ökologische Konzeption vor allem in der Pflanzenökologie bereits verbreitet, wie auch Fortschritte der ökologischen Forschung in der angewandten Entomologie zu verzeichnen waren[173].

5.1. Zur Ökologie HAECKELS

Die Forderung nach einer Wissenschaft, die die mannigfaltigen und verwickelten Wechselbeziehungen einzelner Lebensformen innerhalb einer eigenständigen Abteilung der biologischen Wissenschaft untersucht, geht auf Ernst HAECKEL[174] zurück. HAECKEL beabsichtigte damit, der Theorie DARWINs zur Durchsetzung innerhalb der Biologie zu verhelfen. Die Ökologie sollte zeigen, daß die Verhältnisse in der Natur "nicht die vorbedachten Einrichtungen eines planmäßig die Natur bearbeitenden Schöpfers", sondern die "notwendigen Wirkungen der existierenden Materie" sind. Damit opponierte HAECKEL gegen eine falsche Ideologisierung der Natur als zweckhaftem Sinngebilde, wie er sie beispielsweise im "Dogma der Species Constanz" vorfand. Die als Gegeneinander von Schöpfungsglauben und Wissenschaft dargestellte Konfrontation erklärte er aus dem Unterschied in der Forschungsmethode:

> "... da die meisten Zoologen und Botaniker lediglich in der sorgfältigen analytischen Beobachtung des Einzelnen, und nicht in der ebenso wichtigen und nothwendigen synthetischen Betrachtung des Ganzen ihre Aufgabe finden, so können wir uns gar nicht wundern, daß der 'Kampf ums Dasein' von

---

173) FRIEDERICHS 1937
174) HAECKEL 1866, 236ff

den meisten entweder gar nicht begriffen oder doch nur unvollkommen verstanden wird".[175]

HAECKEL hielt die Abweichung von der richtigen Methode des Erkennens als Grund für falsche Erkenntnisse kritisch fest, sie wurde von ihm aber nicht explizit zur Wissenschaft ausgebaut.

5.2. Die allgemeine Ökologie THIENEMANNs

THIENEMANN hatte bereits 1918 einen Entwurf zur allgemeinen Ökologie angefertigt, der später teilweise revidiert, in Teilen oder insgesamt mit einigen Abänderungen neu veröffentlicht wurde. Zuletzt erschien 1956 ein Band THIENEMANNs mit dem Titel "Leben und Umwelt". Diese Schrift ist größtenteils identisch mit der 1941 unter demselben Titel veröffentlichten Arbeit und stellt eine Zusammenfassung verschiedener Arbeiten dar. Zudem existiert zu demselben Thema im Archiv des Max-Planck-Instituts für Limnologie in Plön ein unveröffentlichtes Manuskript, das THIENEMANN als Vorlesungsskript - die Vorlesung wurde mit F. LENZ gehalten - für seine Vorlesung "Lebensgemeinschaft und Lebensraum" im Wintersemester 1937/38 verwendet hat.

In diesen Arbeiten THIENEMANNs ist die Entwicklung der allgemeinen Ökologie als Entfaltung der holistischen Sichtweise zu einem Begriffssystem dargestellt. Diese Arbeiten waren darin zugleich die begriffliche Fassung der Ökologie der Binnengewässer.

Als theoretischen Ausgangspunkt halten wir fest, daß sich aus der holistischen Betrachtungsweise der Natur die zwei Momente Leben und Umwelt als Bestandteile des Holocöns ergeben. Die Lebewelt wiederum bildete für sich ein Ganzes, eine *Lebensgemeinschaft*. Dies führt nun zur

"Lehre vom Verhalten der Naturerscheinungen zueinander und dem Verhältnis des Menschen zu ihnen. In ihr wird eine neue Fragestellung an den bereits in den Elementarwissenschaften definierten Gegenständen eingeführt. Das ist ihr Besonderes. Sie geht von der Natur als Ganzem aus und bezieht alles darauf, stellt jede Einzelerscheinung in diesen einen großen Rahmen."[176]

Die allgemeine Ökologie hatte also die Gesamtheit des Lebendigen unter dem Gesichtspunkt des Verhältnisses von 'Lebensgemeinschaft und Lebensraum' und damit die *abstrakten* Beziehungen von Leben und Umwelt zum Inhalt. Aus diesem Gesichts-

---

175) HAECKEL in SCHRAMM 1984,153
176) THIENEMANN 1956,35

punkt ergibt sich eine erste allgemeine Bestimmung des Gegenstandes der allgemeinen Ökologie:

> "Die Lebewesen, Tiere und Pflanzen, bewohnen Land, Wasser und Luft, aber sie erfüllen nicht nur körperlich den Raum, sondern sind an ihn durch ihre Lebensbedürfnisse gebunden. So werden die Eigenschaften zu Bedingungen oder auch zu Hindernissen des Lebens, zur Umwelt (Milieu) für die Lebewelt, und der Raum wird zum Lebensraum."[177]

Erst in der und durch die Bezugnahme der Lebensbedürfnisse der Organismen auf Eigenschaften des Erdraums werden diese zu Bedingungen oder Hindernissen[178] des Lebens. Das Lebende ist durch die Umwelt Bedingtes. Weil die äußeren Gegebenheiten die notwendigen Vorgaben für das organismische Leben bilden, ist auch der Organismus in seinen Einrichtungen nur beständig, wenn er ihnen entspricht. Insofern die "Lebensdürfnisse" des Organismus diesen an den "Raum" binden, ist das animalische und pflanzliche Leben durch dessen Notwendigkeiten bestimmt. Die Untersuchung des Verhältnisses des Einzelorganismus zu seiner Umwelt bildet den ersten Teil der allgemeinen Ökologie, der Autökologie.

5.2.1. Autökologie

Aus der allgemeinen Bestimmung des Lebens folgt die Bestimmung des Einzelorganismus in der Autökologie: Insofern der einzelne Organismus sich zu seiner Umwelt wie zu einer Lebensbedingung verhält und nur darin überhaupt Bestand hat, muß er selbst über eine Organisation verfügen, durch die er in der Lage ist, den Lebensbedingungen zu entsprechen. Er muß - abstrakt ausgedrückt - diese Entsprechung zur Umwelt als seine Eigenschaft haben, oder in biologischer Terminologie: Der Einzelorganismus ist seiner Umwelt *eingepaßt*. So zeigt jede morphologisch-physiologische Eigenart an[179], auf welche Weise der Organismus als diese Entsprechung existiert. Umgekehrt läßt sich von daher jedem Organismus eine Reihe von definierbaren Umweltbedingungen zuordnen. Diese den Organismus charakterisierenden Umweltbedingungen lassen sich in ihrer Gesamtheit als Eigenart eines Biotops[180] zusammenfassend beschreiben, wobei das Biotop umgekehrt durch seine Entsprechung mit dem Organismus zu definieren ist. Die Unterscheidung des Lebensraumes in für bestimmte Organismen typische Lebensstätten wurde zuerst von MÖBIUS[181] eingeführt. 1904 hatte

---

177) THIENEMANN 1939,1
178) THIENEMANN 1956,117
179) THIENEMANN 1939,1
180) THIENEMANN 1939,1
181) MEYER/MÖBIUS 1865, THIENEMANN Manuskript,18

der Tiergeograph und -ökologe DAHL dafür die Kategorie "Biotop" geprägt[182], um tiergeographische Befunde besser handhaben zu können.

Da das Verhältnis der spezifischen Umweltbedingungen zum Organismus sich auf morphologische wie physiologische Beschaffenheiten am Organismus beziehen muß, kann dieses ökologische Verhältnis zugleich als relationale Eigenschaft des Organismus aufgefaßt werden. Der Organismus selbst repräsentiert gemäß seiner Ausstattung Ansprüche, d.h. die Entsprechung von Leben und Umwelt ist zugleich eine Qualität des Organismus.

Hat der Einzelorganismus also seine Bestimmung in und durch die Verhältnisse, in denen er vorgefunden wird, erhalten, so eröffnet das die Frage, in welchem Grad er an die Lebensstätte angepaßt ist.

"Der Spielraum der Umweltbedingungen, innerhalb dessen ein Organismus lebensfähig ist, ist seine Reaktionsbreite oder *ökologische Valenz* (Hesse)."[183]

HESSE[184] hatte die ökologische Valenz eingeführt, um damit die unterschiedliche geographische Verbreitung der einzelnen Organismen ökologisch definieren zu können. Die ökologische Valenz, der Grad der Einpassung des Tieres in die Umweltbedingungen hängt von den morphologisch-physiologischen Eigenarten des Organismus ab. So ließen sich anhand des Ausmaßes und der Art der ökologischen Valenz die Einzelorganismen klassifizieren (Euryökie-Stenökie), die auf bestimmte Umweltparameter, wie Temperatur, Salzgehalt des Wassers usw. bezogen werden. Im Unterschied zur Physiologie, die beispielsweise homoiotherme und poikilotherme Organismen auf Grundlage der physiologischen Wärmeregulierungen unterscheidet, trifft die Ökologie eine diesbezügliche Unterscheidung nach dem Verhältnis von Umwelt und Leben: stenotherm und eurytherm. Die physiologischen wie die ökologischen Begriffe beziehen sich zwar gleichermaßen auf das Verhältnis von Außen- zu Körpertemperatur, doch von völlig verschiedenen Standpunkten aus. Die ökologischen Begriffe beinhalten dabei (Überlebens-) Möglichkeiten des Organismus, die mit der Physiologie in engem Zusammenhang stehen.

Der ökologische Unterschied zwischen den Organismen besteht nun zum einen darin, besondere, d.h. verschiedene Ansprüche zu stellen[185], wobei dieses Verhältnis selbst innerhalb eines Entwicklungszyklus einer Art nicht fest ist; denn innerhalb eines Entwicklungszyklus weisen Arten bestimmte Unterschiede hinsichtlich ihrer Lebens-

---

182) DAHL 1904
183) THIENEMANN 1939,1
184) HESSE 1924,17
185) THIENEMANN 1939,1

bedingungen auf. Die Imagines der meisten Insekten beispielsweise leben im Unterschied zu ihren Larvenformen nicht im Wasser. Zum zweiten sind Organismen nach dem Grad der Anpassung zu unterscheiden.

Dieser Bereich der ökologischen Valenz weist Pessima, d.h. Bedingungen, die das Leben des Organismus verunmöglichen, und ein Optimum, einen Bereich, in dem der Organismus die für ihn besten Bedingungen vorfindet, auf. Die ökologische Valenz ist nach HESSE nicht physiologisch begründet, sondern durch die unterschiedliche Häufigkeit der tatsächlichen Verteilung definiert, d.h. die ökologische Valenz ist Ausdruck empirisch ermittelbarer Häufigkeit der Organismen innerhalb eines Biotops.

Das "Wirkungsgesetz der Umweltfaktoren" besagt nun, daß nur diejenigen Umweltfaktoren für die Entwicklung des Organismus innerhalb eines Biotops ausschlaggebend sind, in denen die Wirkungsfaktoren am wenigsten vom Optimum abweichen:

"Diejenigen der notwendigen Umweltfaktoren bestimmen die Entwicklung eines Organismus in einem Biotop (von Null bis zur Maximalentfaltung), die dem Entwicklungsstadium des Organismus, das die kleinste ökologische Valenz besitzt, in der am meisten vom Optimum abweichenden Quantität oder Intensität zur Verfügung stehen."[186]

Dieses Wirkungsgesetz der Umweltfaktoren, das in gewisser Weise dem LIEBIGschen Gesetz des Minimums ähnelt, wird in der modernen Ökosystemforschung zusammen mit dem Gesetz der Toleranz, dessen Formulierung SHELFORD 1913 zugeschrieben wird und mit HESSEs Gesetz der ökologischen Valenz identisch ist, innerhalb der Prinzipien der limitierenden Faktoren abgehandelt[187].

5.2.2. Von der Autökologie zur Synökologie: Die Biozönose und ihre Gesetze

Die Biozönotik, THIENEMANNs Synökologie, bildete das theoretische Herzstück der allgemeinen Ökologie THIENEMANNs. Sie hat das Verhältnis der Organismen untereinander zum Gegenstand und geht von der Grundtatsache aus, "daß das Leben sich nur in Gemeinschaften verschiedener Organismen verwirklicht."[188]

Zunächst erkennt man rudimentär den philosophischen Ausgangspunkt: Ganzheit ist ein Prinzip des Lebens in der wirklichen Natur. Die "Gemeinschaft verschiedener Organismen" meint hier zum einen jede wirkliche Tier- und Pflanzengemeinschaft und kennzeichnet zum zweiten das allgemeine Prinzip, daß "die Einzelglieder der Gesell-

---

186) THIENEMANN 1941,102
187) ODUM 1983,167 ff
188) THIENEMANN 1956,37

schaft bestimmte, lebensnotwendige Beziehungen zueinander zeigen."[189]

Die Einzelglieder selbst verhalten sich funktional im Hinblick auf das Leben der Gesamtheit als Ganzem und somit natürlich auch auf das Leben der Individuen zueinander. Die Lebensgemeinschaft manifestiert sich als ein notwendiges Moment des Lebensprozesses.

5.2.2.1. Der Begriff der Biozönose bei MÖBIUS

Entwickelt wurde die Konzeption der Lebensgemeinschaft unter einer eigenen begrifflichen Festlegung von Karl-August MÖBIUS[190].

MÖBIUS definierte die Biozönose als "Gemeinschaft von lebenden Wesen, eine den durchschnittlichen äußeren Lebensverhältnissen entsprechende Auswahl und Zahl von Arten und Individuen, die sich gegenseitig bedingen und durch Fortpflanzung in einem abgemessenen Gebiete dauernd erhalten..."[191].

MÖBIUS legte dabei Wert auf die Feststellung, daß die Bestimmtheit einer Biozönose, d.h. Qualität und Quantität der Gemeinschaftsteile, also der Individuen, sich aus einer Entsprechung zu den "durchschnittlichen äußeren Lebensverhältnissen" ermitteln läßt, so daß er konsequenterweise nichts dabei fand, die Biozönose unmittelbar als die "Einwirkungen des Wohngebietes, von denen die Eigenschaften und die selbst zur Ausbildung gelangende Anzahl der Individuen einer Spezies mitbedingt werden"[192], zu definieren.

Die von MÖBIUS scheinbar widersprüchliche Definition der Lebensgemeinschaft läßt sich wohl am bündigsten daraus erklären, daß die frühen Definitionen von Biozönose sich nicht auf den inneren Zusammenhang der Lebewesen bezogen, sondern vorrangig das gemeinsame Vorkommen bezeichneten. MÖBIUS gab mit seiner Begriffsbestimmung allerdings der Grundidee Ausdruck, daß die Gemeinschaft selbst Resultat der Wirkungen auf sie sei. Das Mangelhafte kommt aber darin ebenfalls zum Ausdruck, daß allein die Wirkung der Umwelt auf die Gemeinschaft als ihr einziger Grund angegeben werden konnte.

5.2.2.2. Definition der Biozönose

Eine Weiterführung der "klassischen" Definition MÖBIUS` findet man bei RESWOY und FRIEDERICHS. 1924 hatte RESWOY die Biozönose als ein "sich in einem beweglichen Gleichgewichtszustand erhaltendes Bevölkerungssystem, das sich bei gegebenen (ökologischen) Verhältnissen einstellt", definiert. Auch die ebenfalls von

---

189) THIENEMANN 1939,2
190) Vgl. dazu LEPS 1986
191) THIENEMANN 1956,35f
192) nach THIENEMANN 1956,36

THIENEMANN referierte Definition von FRIEDERICHS ging über das bloße Festhalten eines irgendwie gearteten gemeinsamen Auftretens, bedingt durch Umweltverhältnisse, hinaus. "Die Lebensgemeinschaft ist das sich selbst regelnde Bevölkerungssystem einer natürlich abgegrenzten Einheit des Lebensraums"[193]. Beiden Definitionen ist gemeinsam, daß sie Biozönosen eine sich selbst erhaltende Kraft, ein regulierendes Prinzip zusprechen.

Während MÖBIUS in erster Hinsicht auf das gemeinsame Auftreten, auf gemeinsame Merkmale abzielt, sprachen RESWOY und FRIEDERICHS davon, daß die Biozönosen sich selbst regulieren, einen immanenten Gleichgewichtszustand halten. Diese holistische Vorstellung wird deshalb häufig auch *organizistisch* genannt.

Aus der Konzeption der Lebensgemeinschaft ergab sich somit auch eine ergänzende Modifikation in Bezug auf die traditionellen Bestimmungen der Biologie zur Identifizierung der Lebewesen. Denn solange die Biologie nur die systematischen Einheiten in den Mittelpunkt stellte, war der Weg für den Biozönosebegriff verstellt[194].

Der Organismus *als Individuum*, das sein Leben nur in Abhängigkeit von und mit anderen leben kann, bildete damit die Grundeinheit der Biozönosen[195]. Zwar stellen die systematischen Grundeinheiten wie Art, Gattung, Familie usw. verständige Abstraktionen der Biologie dar, aber die lebendige Wirklichkeit der Natur wird von den einzelnen Individuen gebildet.

"In der Natur nur Individuen, dieser Hund, diese Katze, dieser Löwe etc."[196]

Diese Einzelindividuen bilden in der wirklichen Natur aber Vergesellschaftungen, die das Bild einer Landschaft, einer Region ausmachen, denn "nicht Einzelindividuen in der Natur, sondern Vergesellschaftungen von Individuen verschiedener Art"[197] bilden den Gegenstand der Lebensgemeinschaft.

Die biozönotischen Lebenseinheiten lassen sich zu einer übergeordneten Einheit, die in der Wechselwirkung zwischen Lebensraum und Lebensgemeinschaft besteht, zu einer Einheit dritter Stufe, die in bezug auf das Leben in Binnengewässern die eigentliche limnologische Stufe bildet, zusammenfassen[198].

---

193) THIENEMANN 1939,3
194) THIENEMANN 1937,Manuskript
195) THIENEMANN 1954a
196) THIENEMANN, Manuskript. Einleitung.
197) THIENEMANN, Manuskript. Einleitung.
198) THIENEMANN 1930

Dies kennzeichnet im übrigen auch den Unterschied zwischen Idiobiologie und Biocönotik, denn in ersterer sind Arten und in letzterer Biocönosen, also vergesellschaftete Individuen, die Grundeinheiten[199].

Die verwandtschaftlichen Beziehungen, d.h. der Grad ihrer Ähnlichkeit respektive Unähnlichkeit, stehen für die Begriffsbestimmung der Lebensgemeinschaft nicht im Zentrum des Interesses; ihre biologische Identität, also ihre Artbestimmung, ist vielmehr vorausgesetzt. Aber die verwandtschaftlichen Beziehungen sind für die Entstehung der Gemeinschaft nicht allein ausschlaggebend.

So stellte sich im weiteren die Frage, was diese Gemeinschaften reguliert, was dazu führt, daß sich diese Gemeinschaften konstituieren. Der Grund dafür mußte auch in den Umweltbedingungen zu suchen sein, wenngleich diese alleine nicht ausschlaggebend sind, denn die Mitglieder der Biozönosen zeigen "bestimmte, lebensnotwendige Beziehungen zueinander". Das Leben in der Gemeinschaft ist damit als notwendiger Bestandteil des Einzellebens erfaßt. Dieses gemeinsame Leben sowohl zu ermöglichen wie vorauszusetzen wird damit zur Bestimmung der Einzelglieder der Gemeinschaft. Dies ist auch bei THIENEMANN die Grundvorstellung dessen, daß Biozönosen den Organismen analog sind; oder anders gesagt: Dies ist der Ursprung der organismischen Vorstellung bei THIENEMANN.

Diese notwendigen Beziehungen führen zu drei Klassen der Unterteilung: Produzenten, Konsumenten, Reduzenten[200]. Die Einteilung ergibt sich nahtlos aus der Bestimmung der Gemeinschaft als sich selbst reproduzierender und mit sich selbst haushälterisch verfahrender Ganzheit. Dem biozönotischen Zusammenhang entspricht ein bestimmter Stoffhaushalt, denn die lebendige Welt wirkt auf die physikalisch-chemischen Bedingungen zurück. Das Verhältnis von Stoffhaushalt und Biozönose ist im Hinblick auf die Produktionsbiologie eines Biosystems wichtig, weil das Konzept des Stoffkreislaufs mit dem der Nahrungskette bzw. Nahrungsnetze im Hinblick auf die Formulierung von Trophiestufen von Bedeutung ist. Die Produktionsbiologie THIENEMANNs hat hier ihre begriffliche Voraussetzung.

5.2.2.3. Grundgesetzmäßigkeiten oder Hauptmerkmale der Biozönosen

Die Grundgesetzmäßigkeiten oder Hauptmerkmale einer Biozönose werden anhand der Neubesiedlung eines noch unbewohnten Biotops dargestellt, wofür die Natur in der Besiedlung der neu entstandenen Insel Krakatau ein eindrucksvolles Beispiel geboten hatte. An diesem Beispiel zeigte THIENEMANN, daß im Falle der Erstbesiedlung der *Zufall* ein biologischer Faktor ist[201].

---

199) THIENEMANN 1927
200) THIENEMANN 1939,2. Man kann daran sehen, daß diese Unterscheidung keine biologisch-empirische ist, sondern eine, die deduktiv aus den ökologischen Prämissen folgt.
201) THIENEMANN 1956,42

Die in der holistischen Ökologie vorherrschende Ablehnung des Zufalls als Naturprinzip wird noch in der Behandlung der Tiergeographie THIENEMANNs bedeutsam werden. Sie spielte eine nicht unbedeutende Rolle in der Ökologiegeschichte. WORSTER[202] beispielsweise hat überhaupt aus der Ablehnung einer "orthodox" darwinistischen Theorie durch viele Holisten einen Ableitungsgesichtspunkt entwickelt, durch den sich die holistische Ökologie als Gegenbewegung zur sog. Selektionstheorie erklären läßt.

Im weiteren Zusammenhang ist unter "Zufall der Erstbesiedlung" nur der Umstand zu verstehen, daß die Reihenfolge der Besiedlung für die Bestimmung der letztlich im Gleichgewicht vorhandenen Biozönose gleichgültig ist unter der Bedingung, daß die Möglichkeit einer Gesamtbesiedelung überhaupt vorliegt. Da sich ein Gleichgewicht nach Art und Weise der Zusammensetzung wie nach Zahl der Individuen in einem Biotop einstellt, hat die sich zufällig einstellende Erstbesiedlung nur zeitlichen Bestand. Die Biozönose geht in einen definierbaren Endzustand über: Daher ist die *Zeit der Besiedlung* selbst ein biozönotischer Faktor[203].

Dieser Faktor bildet zugleich die Antwort auf die Frage, warum sich ein zu erwartendes Gleichgewicht einer Biozönose noch nicht eingestellt hat. Aus einem vorhandenen Bestand innerhalb eines Lebensraums läßt sich nicht der Schluß ziehen, daß damit schon der "voll besetzte" Zustand eines Biotops erreicht ist. Fehlt also eine Art innerhalb eines Biotops, in der sie gewöhnlich zu finden ist, so heißt das eben nicht, daß die Zusammensetzung dem Zufall überlassen ist. Neben dem historischen (Zeit-) Faktor zeichnet der topographische Faktor "dafür verantwortlich, daß es 'nicht voll besetzte' Biotope und 'ungesättigte' Biozönosen gibt...", d.h. daß der Gleichgewichtsendzustand noch nicht erreicht ist. Da unter Biozönosen zum einen die real vorfindbaren Artzusammensetzungen wie die zu erwartenden oder idealtypischen Kombinationen zu verstehen sind[204], herrscht ein Gleichgewichtszustand innerhalb einer Biozönose auch dann, wenn das letztendlich zu erwartende Gleichgewicht noch nicht eingetreten ist.

Die eigentlichen aktuell und sichtbar beeinflussenden Faktoren heißt THIENEMANN die ökologischen Faktoren, die in einen physiographischen und einen biozönotischen Teil zerfallen. Der physiographische Teil umfaßt alle "tellurischen" Bestandteile. Es ist der abiotische Teil, der Teil der die Nicht-Lebewelt bildet. Die biozönotischen Faktoren dagegen "stellen das Band dar, das die Glieder einer Biozönose aneinander knüpft"[205]. Sie bestehen in nichts weniger als in all dem, was die Reproduktion und Produktion der einzelnen Organismen ausmacht. Dabei handelt es sich

---

202) WORSTER 1985
203) THIENEMANN 1941,104
204) THIENEMANN 1941,104
205) THIENEMANN 1941,105

"um Ernährungsbeziehungen, Fortpflanzungsbeziehungen, Atmungsbeziehungen, das Schutzbedürfnis"[206].

Der überorganische Faktor, den THIENEMANN als vierten und letzten anführt, besteht im Wechselwirkungsverhältnis der Momente des gesamten Lebensraumes selbst, im "lokalen Einheitsfaktor für das einzelne Biotop und im Holocön für den gesamten Lebensraum"[207]. Durch den überorganischen Faktor erst wird der innere Zusammenhang zu einer eigenständigen Ursache, wobei mit dem lokalem Einheitsfaktor wie auch mit der Kategorie "Holocön" der innere Zusammenhang den einzelnen Bestandteilen als eigene Größe gegenübergestellt wird, die den Zusammenhang erst bildet. Er ist Voraussetzung und Resultat.

Führen diese Faktoren nach vollständiger Besiedlung zu einem festen Verhältnis der Individuen in qualitativer und damit auch in quantitativer Hinsicht, so deswegen, weil sie die Auswahl der Arten bewirken und somit die Grundlage für eine bestimmte quantitative und qualitative Zusammensetzung schaffen.

"Die *Auswahl der Arten* durch die neue Umwelt schafft also aus dem zufallsbedingten Ordnungs*chaos* eine *umweltbedingte Ordnung* der Neusiedler, die Lebensgemeinschaft erhält eine *Organisation*, eine *Struktur*."[208]

Die Auswahl der Arten, die die innere Zusammensetzung der Lebensgemeinschaft zum Resultat hat, hängt dabei von den Umweltbedingungen ab. Die allgemeinen möglichen Variationen faßte THIENEMANN zu den *beiden biozönotischen Grundprinzipien* zusammen.

"Je variabeler die Lebensbedingungen einer Lebensstätte, um so größer die Artenzahl der zugehörigen Lebensgemeinschaft: das ist das erste Grundprinzip der Biozönotik."[209]

Das erste biozönotische Grundprinzip wäre ein Pleonasmus, wenn mit ihm nur ausgedrückt werden sollte, daß bei variablen Lebensbedingungen auch der Artenbestand variabel, i.e. vielfältig ist. Denn es ist vorausgesetzt, daß sich Lebensbedingungen und bestimmte Arten einander entsprechen. Die Sache verhält sich indes anders, wenn man die Lebensbedingungen als objektiv unterscheidbare Größen nimmt und deren Unterscheidung nicht an der Verschiedenheit der innerhalb eines Biotops vorfindbaren Artenzahl, bzw. dem -bestand bemißt. Auf Grundlage der Variabilität der Organismen, bilden sich unterschiedliche Formen, sei es innerhalb einer Art oder gar einer Gattung. Zum anderen brächte somit das erste biozönotische Grundprinzip auch zum

---

206) THIENEMANN 1941,105
207) THIENEMANN 1941,106
208) THIENEMANN 1956,44
209) THIENEMANN 1956,44

Ausdruck, daß die Umweltbedingungen auf die vorhandenen Arten selektiv wirken. Dementsprechend führt eine gleichmäßige Verschlechterung der allgemein notwendigen Lebensbedingungen zur quantitativen Verkleinerung des Bestandes, wie durch extreme Entfaltung einer allgemein notwendigen Lebensbedingung das Milieu einseitig wird, so daß erneut eine Auswahl der Arten folgt. Die Konstanz bzw. Labilität der Umweltbedingungen wird somit auch zu einem Faktor der Lebensbedingungen. Je konstanter sie sind, desto eher nähern sie sich dem Optimum, je abrupter und vehementer ein Wandel in den Lebensbedingungen erfolgt, desto mehr nähern sie sich dem Pessimum. Die terminologische Unterscheidung in Astasie und Eustasie geht dabei auf K. GAJL[210] zurück und wurde später von N. K. DECKSBACH[211] fortentwickelt.

"Je mehr sich die Lebensbedingungen eines Biotops vom Normalen und für die meisten Organismen Optimalen entfernen, umso artenärmer wird die Biozönose, um so charakteristischer wird sie, in um so größerem Individuenreichtum treten die einzelnen Arten auf."[212]

Auch dem zweiten Grundprinzip haftet zunächst Tautologisches an: Sind die Lebensbedingungen so, daß sie nicht dem Optimum aller entsprechen, so werden weniger Arten vorhanden sein, da nicht für alle Arten optimale Lebensbedingungen vorherrschen. Da - unterstellt man bei diesem Vergleich, daß die Nahrungsmenge etc. für die geringere Anzahl der Arten ausreichend ist - damit der Raum der Verbreitung für die restlichen Arten größer geworden ist, nimmt die Anzahl der Individuen zu. Mit der Veränderung oder dem Verschwinden bestimmter Lebensbedingungen ändern sich selbstverständlich nicht nur Anzahl und Zusammensetzung der Produzenten, sondern (bio-)logischerweise auch Anzahl und Zusammensetzung der Konsumenten und Reduzenten. So sei als ein Beispiel von vielen die Beobachtung MÖBIUS` vermerkt, daß die Zahl der Miesmuscheln in den Gebieten, in denen die Anzahl der Austern zurückging, zunimmt.

Zugleich muß festgehalten werden, daß mit Hilfe der biozönotischen Grundprinzipien nur Regelmäßigkeiten festgehalten werden sollten, mit deren Hilfe der Biologe ökologische Forschung betreiben kann. Die biozönotischen Grundprinzipien stellen weniger Naturgesetze vor, sondern bilden das methodisch-heuristische Rüstzeug THIENEMANNs für die Erforschung von Biozönosen. THIENEMANN selbst nennt Ausnahmefälle. So stellen beispielsweise die unterirdischen Gewässer einen extremen Lebensraum dar. Da der Lichtfaktor völlig fehlt, finden sich selbstverständlich keine photosynthetisierenden Mikroorganismen oder Pflanzen. Allerdings findet man, außer in den "Gebieten Europas, deren Grundwasser erst nach Rückzug der eiszeitlichen

---

210) GAJL 1924
211) DECKSBACH 1929
212) THIENEMANN 1956,44

Gletscher der Besiedlung zugänglich oder wieder zugänglich wurde"[213], eine "artenreiche Fauna".

Ein drittes biozönotisches "Gesetz" war von FRANZ[214] entwickelt worden, dessen Gültigkeit eustasische Verhältnisse voraussetzt.

"Je kontinuierlicher sich die Milieubedingungen an einem Standort entwickelt haben, je länger er gleichartige Umweltbedingungen aufgewiesen hat, um so artenreicher ist seine Lebensgemeinschaft, um so ausgeglichener und um so stabiler ist sie."[215]

Auch bei FRANZ` biozönotischer Regel muß betont werden, daß die Kategorien Gleichgewichtszustand, stabile Lebensgemeinschaften, gleichartige Lebensbedingungen idealtypische Annahmen sind, die sich als theoretische Handreichung der empirischen Analyse verstehen. So bezeichnet beispielsweise die Kategorie Gleichgewichtszustand keine fixe Naturgröße, weil die Natur dauernd in Veränderung begriffen ist. Die Grundprinzipien sind als ein heuristisches Mittel zu verstehen, die realen Zusammenhänge in der Natur zu erforschen.

Wie die *Zahl der Arten* so steht auch die *Anzahl der Individuen* in einer Beziehung zu den Lebensbedingungen. Die Überproduktion an Keimen ist eine Eigenschaft des Organismus, d.h. seiner Fortpflanzungsorgane und seines Fortpflanzungsverhaltens.

"Je größer die Vernichtungswahrscheinlichkeit, um so größer muß die Fruchtbarkeit eines Organismus sein, wenn der Artbestand erhalten werden soll."[216]

Natürlich muß bei gleichem Artbestand die Fruchtbarkeit hoch sein, wenn die Vernichtungswahrscheinlichkeit hoch ist. Diese Gleichgewichtsberechnung bildet im übrigen auch die Grundlage jeder populationsökologischen Modellbildung. Die von THIENEMANN aufgestellte Gesetzmäßigkeit ist allerdings nur aus dem vorfindbaren Resultat erschließbar, so daß die unterstellte finalistische Notwendigkeit zum Beweis wiederum nur auf das Faktum zurückgreifen kann.

Die Schlußfolgerung, die THIENEMANN diesem Befund entnimmt, zeigt deutlich, daß die Biozönotik keine kausalen Naturgesetze enthält, sondern im Hinblick auf die Selbsterhaltung der Natur teleologisch ausgedeutet wird. Aber Wissenschaft und Teleologie stehen hier nicht zueinander im Widerspruch. Denn diese teleologische Sichtweise hat nicht eine außernatürliche Zweckhaftigkeit zum Resultat, sondern steht im Dienste der Ermittlung des wirklichen inneren Zusammenhangs der Natur.

---

213) THIENEMANN 1956,49
214) FRANZ 1953
215) FRANZ 1953 zit. nach THIENEMANN 1954b,422
216) THIENEMANN 1956,48

"Hier tritt uns auch zum ersten Mal die Harmonie zwischen Umwelt und Physiologie des Einzelorganismus entgegen. Es ist, als ob der Einzelorganismus resp. die Art wüßten, welche Gefahren ihrer Nachkommenschaft durch die Widerstände der Umwelt drohen! Und so stellt sich jeder Organismus - nur der Mensch nicht immer! - durch jene Überproduktion an Keimen, die ja fast alle wieder vernichtet werden, in den Dienst der Arterhaltung und damit auch der Erhaltung des sog. biozönotischen Gleichgewichts der Natur."[217]

Diesem teleologischen Verständnis entspricht die Betrachtung der Natur im Hinblick auf deren Selbstregulation und des biozönotischen Gleichgewichts. Das Prinzip des biozönotischen Gleichgewichts besteht in der Konstanz des Gefüges einer Lebensgemeinschaft in qualitativer und quantitativer Beziehung gegenüber den Lebensbedingungen.

"Es prägt sich aus in der Artzusammensetzung einer Biozönose, der Individuenzahl jeder Art, der Verteilung der Individuen und Arten innerhalb der Biozönose und der Lebensweise jeder Art."[218]

Biozönose ist damit "ein dynamisches System, das sich durch die in ihm liegenden Kräfte, also durch Selbstregulation bewahrt."[219] Die Definition ähnelt nicht zufällig derjenigen, die für das Ökosystem angegeben wird. Die THIENEMANNsche Biozönotik *ist* der klassische Vorläufer der modernen Ökosystemforschung in bezug auf die Synökologie. Der Unterschied dazu wird an der Definition des Sees als dynamisches System deutlich.

"Im ganzen befindet sich der typisch oligotrophe See in einem Gleichgewichtsstadium: Es wird (fast) die gesamte Masse der in Organismenleibern festgelegten Substanz auch wieder völlig abgebaut werden und aufgelöst dem Wasser wieder zugeführt. Der gesamte Nahrungskreislauf stellt also ein annähernd rückläufiges, reversibles Geschehen dar. Oder mit anderen Worten: Abgeschlossen allseitige Wechselwirkungen zwischen allen Gliedern des Systems 'See', deren Ergebnis die Erhaltung des Systemgleichgewichts ist, machen den See zur Ganzheit, zur Lebenseinheit höherer Ordnung!"[220]

---

217) THIENEMANN 1956,49
218) THIENEMANN 1956,49
219) THIENEMANN 1956,49
220) THIENEMANN 1956,64

Wir werden später noch zeigen, daß an dieser Stelle der Einspruch der modernen Ökosystemforschung einsetzt. Denn die Erhaltung des Systemgleichgewichts ist mit der Veränderung dieses Gleichgewichts in Einklang zu bringen. Die "organizistische" Vorstellung aber sperrt sich nach TANSLEYs Ansicht dagegen und macht eine Revision des Ökosystemkonzepts notwendig[221].

Weil die Biozönose ein dynamisches System ist, das zur Selbstregulation fähig ist, ist umgekehrt die Selbstregulation als das Ziel der Biozönose deutbar. Alle weiteren Bestimmungen des biozönotischen Systems wie Gleichgewicht der Zahlen, Harmonie der räumlichen Ordnung, Harmonie der zeitlichen Ordnung stehen innerhalb dieses großen Rahmens eines in harmonischer Wohlordnung befindlichen Naturgeschehens[222]. Dies gibt den einleitenden Gesichtspunkt der Produktionsbiologie ab und macht eine wesentliche Neuerung der ökologischen Produktionsbiologie gegenüber den Produktionsberechnungen der Fischereibiologen aus.

---

221) TANSLEY 1935
222) WOLTERECK 1928

6. Die ökologische Limnologie

Umfaßt die allgemeine Ökologie die abstrakten Verhältnisse von Leben und Umwelt, so stellt die ökologische Limnologie die Anwendung der dort aufgestellten Gesetzmäßigkeiten auf die Binnengewässer dar. Dabei ist die Limnologie die erste Wissenschaftsdisziplin, in die die Ökologie Eingang gefunden hatte. "Die Limnologie ist gleichsam das Ei, aus dem die Ökologie schlüpft"[223]. Die ökologische Limnologie ist synthetische Wissenschaft, indem sie verschiedene Wissenschaften unter dem holistischen Gesichtspunkt zusammenfaßt. Sie verhält sich zu den einzelnen Wissenschaften, wie z.B. Zoologie und Botanik, Geographie, Physik usw. wie eine "Anwendungswissenschaft" und tritt zugleich als "Dachwissenschaft" mit einem eigenen Erkenntnisinteresse aus den Einzelwissenschaften heraus, so daß die ökologische Limnologie im eigentlichen Sinne keine biologische Wissenschaft mehr war[224]. Da ausführliche Darstellungen zur Geschichte der Limnologie bereits vorliegen[225], können wir uns auf die wesentlichen Punkte der Entwicklung der Binnengewässerkunde konzentrieren.

6.1. Vorarbeiten zur ökologischen Seenkunde

Die Vorarbeiten zur ökologischen Limnologie gliederte THIENEMANN thematisch in vier große Gruppen[226]. Zum einen in die geographisch orientierte Seenkunde der Schweizer Limnologen FOREL und ZSCHOKKE, die, gemäß ihres Herkunftslandes, die Schweizer Hochgebirgsgewässer und die Tiefenfauna der großen Alpenrandseen und den Genfer See erforscht und im Rahmen der Entstehungsgeschichte dieser Seen und ihrer Fauna zur Entwicklung der Glazialbiologie beigetragen hatten. Den zweiten Themenkreis bildet die Biologie des Süßwasserlebens. Hierbei sind die Arbeiten über Planktonologie der Binnengewässer von ZACHARIAS und APSTEIN zu nennen und die über die Planktonologie weit hinausreichenden Arbeiten von WESENBERG-LUND[227] und WOLTERECK[228], dessen Daphnidenstudien bekannt sind. Die schon mehr ökologisch orientierte Erforschung amerikanischer Seen durch BIRGE und JUDAY bildet die dritte Thematik, und viertens erwähnt THIENEMANN den Limnologen FORBES[229], der zuerst Seen als "Mikrokosmen" beschrieb.

---

223) ILLIES/SCHWABE 1959,392
224) LENZ 1931
225) MORTIMER 1956, ELSTER 1974, STELEANU 1989
226) THIENEMANN 1925,1934
227) WESENBERG-LUND 1910
228) WOLTERECK 1908,1909
229) FORBES 1887

Die wissenschaftliche Erforschung der Seen bildete in ihren Anfängen kein eigenständiges Wissenschaftsgebiet, sondern war Bestandteil der Geologie. Sie konzentrierte sich vorwiegend auf die Morphologie der Seebecken und ihrer Entstehung, wie an den Einteilungen der Seen in echte Binnenseen und Reliktenseen von PESCHEL[230], an DAVIS'[231] Unterscheidung der Seen anhand des Seebeckens in Konstruktions-, Destruktions- und Obstruktionsbecken oder an PENCKs[232] und CREDNERs[233] Unterscheidung der Seen anhand der Seebeckenentstehung ersichtlich ist. Während die Geologie Seen anhand der Entstehungsgeschichte der Seewanne in tektonische, Erosions- und Dammseen und Seen gemischten Ursprungs einteilt, geht die geographische Seenkunde, auf der Geologie aufbauend, darüber hinaus.

Mit F.A.FORELs Hauptwerk "Le Léman"[234] beginnt die eigenständige geographische Seenkunde. FOREL, von dem auch die Bezeichnung "Limnologie" stammt, definierte den Süßwassersee in Abgrenzung zu marinen Gewässern als "eine allseitig geschlossene, in einer Vertiefung des Bodens befindliche, mit dem Meer nicht in direkter Kommunikation stehende stagnierende Wassermasse"[235]. FOREL verstand unter Seen "geographische Einheiten", die das Seebecken und den Wasserkörper mit seinen gelösten Stoffen und den Lebewesen, also Tieren, Pflanzen und Bakterien umfaßten. In der geographischen Seenkunde - im Unterschied zur geologischen Auffassung - gilt jeder einzelne See als "Organismus für sich", denn "jeder (See) hat seine Eigentümlichkeiten, seine besondere Geschichte in der Vergangenheit und der Gegenwart, ein jeder verdient eine spezielle Beschreibung"[236].

Zu den geologischen Merkmalen treten nun die geographischen. Sie umfassen die Geographie des Seebeckens, also zunächst einmal die Morphometrie und die Hydrographie der Seen, wie den Wasserkörper.

Die geographische Seenkunde untersucht den Einfluß der klimatologischen Rahmenbedingungen, beispielsweise den Einfluß der Lufttemperatur auf die Seetemperatur und auf das Regime der Zuflüsse durch Einwirkung auf die Schneeschmelze, Bewölkungsverhältnisse, etc.. Ebenso eine Erweiterung der geologischen Untersuchungen der Seen im Hinblick auf die ökologische Seenkunde sind die Hydrologie, die die Untersuchung des Einzugsgebietes umfaßt, und die Limnimetrie, die tägliche und jährliche Wasserstandsschwankungen bestimmt. Ein weiterer Gegenstand der geogra-

---

230) PESCHEL 1875
231) DAVIS 1880
232) PENCK 1882
233) CREDNER 1887
234) FOREL 1892
235) FOREL 1901,2f
236) FOREL 1901,9

phischen Seenkunde ist der Wasserkörper, der durch seine Hydrologie, die Chemie, wie Thermik, Optik, Akustik des Wassers charakterisiert wird.

Wichtig für die Entwicklung der Limnologie sind FORELs Untersuchungen zur Thermik am Genfer See, wobei die ersten Temperaturmessungen auf DE SAUSSURE[237] zurückgehen, die FOREL 1879[238] fortsetzte. SIMONY[239] stellte schon sehr früh den rapiden Temperaturabfall innerhalb der später von RICHTER[240] als "Sprungschicht" bezeichneten Zone fest. Die von FOREL anhand der Thermik getroffene Unterscheidung der Seen in tropische, temperierte und polare sind für die Seetypenlehre THIENEMANNs wichtig und stellen nach ELSTER die erste Seentypologie dar.

Weitere Vorarbeiten zur geographischen Seenkunde stammen von Otto von und zu AUFSESS und Willi ULE. AUFSESS hatte bei seinen Untersuchungen der bayerischen Seen den Zusammenhang der Farbe der Seen zu den verschiedenen physikalischen Faktoren und den gelösten Bestandteilen ermittelt[241]. Willi ULEs Beitrag (1861-1940), der morphometrische, geologische und physikalische Untersuchungen an bayerischen Voralpenseen[242] und den Masurischen Seen[243] durchgeführt hatte, besteht darin eine Skala der Eigenfarbe des Seewassers erstellt zu haben. Die FOREL-ULE-Skala der Wasserfärbung hat THIENEMANN als Grundlage der optischen Bestimmung des Seewassers gedient. Wilhelm HALBFASS, der Morphologie und Hydrographie von Seen erforschte und eine umfangreiche Datensammlung zur Morphometrie der Seen vorgelegt hatte[244], ist ein letzter wichtiger Vertreter der geographischen Limnologie.

Die Biologie der Süßwasserseen war gegenüber der geographischen Limnologie abgegrenzt. Zwar erstellte bereits FOREL eine Aufteilung der Seeregionen anhand ihrer Besiedlung in Littoral, Pelagial und Abyssal, aber sie diente vorwiegend der geographischen Beschreibung, wie auch beispielsweise die Aufstellung der Altersstufen der Seen, die den Alterungsprozeß von Seen aus den geographischen Bedingungen der Alluvionen des Einzugsgebiets erklärt[245]. Hier stellen sich die verschiedenen Formen der stehenden Gewässer See, Weiher, Sumpf-Moor, Tümpel und Kleingewässer, die THIENEMANN anhand des Umfanges des Wasserpflanzenbestandes[246] und durch den

---

237) DE SAUSSURE 1779
238) FOREL 1880
239) SIMONY 1850
240) RICHTER 1892
241) von AUFSESS 1903,1905; NAUMANN 1931
242) ULE 1901
243) ULE 1889a
244) HALBFASS 1922,1923
245) FOREL 1901,43
246) THIENEMANN Undat.

Zeitraum des Wasserstands unterschieden hatte, als zeitliche Sequenz dar. Ein Vorgang, der von der ökologischen Limnologie vor allem durch Eutrophierungsprozesse erklärt wird.

Die Biologie der Gewässer läßt sich in Planktonforschung und allgemeine Hydrobiologie unterscheiden. Vor der Erforschung des Süßwasserplanktons[247], war die Planktonforschung Gegenstand der Meeresbiologen, von denen neben HENSEN, der für die pelagische Organismenwelt den alten Ausdruck "Auftrieb" J. MÜLLERs durch den Ausdruck "Plankton" ersetzte[248], J. MÜLLER, THUN zählen.

Die ersten Forschungen im Bereich des Süßwasserplanktons gehen FRANCÉ[249] zufolge auf F. LEYDIG[250] zurück, der zahlreiche Süßwasserkrebse entdeckt hatte. Als sein Nachfolger gilt O. ZACHARIAS[251], der neben APSTEIN[252] und BIRGE[253] die ersten systematischen Planktonuntersuchungen durchführte. APSTEIN, ebenfalls in der Meeresforschung tätig, übertrug die Methoden der marinen Planktonforschung auf die Süßwasserbiologie. Vor APSTEIN wurde der Artbestand untersucht, dem folgte eine Periode der quantitativen Untersuchungen. LOHMANNs Methoden der Planktongewinnung wurden später von RUTTNER und WOLTERECK auf das Süßwasser übertragen und von Hans UTERMÖHL[254] am Plöner Institut vervollkommnet. Bereits die frühe Planktonforschung erstellte Gewässertypisierungen, die sich in die biologische Seentypisierung einreihen lassen[255].

"Diese älteren Autoren (LENZ bezieht neben den Genannten noch CHODAT und ZACHARIAS mit ein, G.S.) hatten ihre Typen auch schon kausal zu begründen versucht, indem sie sie zurückführten auf die Tiefenverhältnisse oder den Gehalt des Wassers an Nährstoffen. Sie führten aber ihre Idee nicht allgemein überall durch. Die kausalen Faktoren waren zu diffus, und andererseits hatten die Typen meist nur lokale Geltung."[256]

Ein weiterer Bereich der Hydrobiologie wurde durch die Untersuchungen von BRÖNSTEDT und WESENBERG-LUND von 1911 abgesteckt, wobei letzterer Planktonuntersuchungen in "Plankton investigations of the Danish lakes" (1904-1908) bezüglich thermischer Verhältnisse durchführte.

---

247) STIASNY 1913
248) HENSEN 1887
249) FRANCÉ 1909
250) LEYDIG 1860
251) ZACHARIAS 1907
252) APSTEIN 1896
253) BIRGE 1895
254) UTERMÖHL 1958
255) HUITFELDT-KAAS 1906, NAUMANN 1931
256) LENZ 1933,3

Die Verbindung von biologischem Faktor und den physikalisch-chemischen Verhältnissen wurde durch den amerikanische Seenkundler BIRGE in den Mittelpunkt der Binnengewässerforschung gerückt. Er begann seine Studien mit Untersuchungen über die Verbreitung des Planktons[257], die er zunächst im Hinblick auf die Wirkung der Sonneneinstrahlung, die die Energiequelle des Phytoplanktons bildet, auf die Bildung der "water blooms" untersuchte. Mit BIRGE und JUDAY trat nicht nur amerikanische Seenkunde auf den Plan, sondern begannen auch neue Forschungsmethoden und technisch verbesserte Instrumente, wie der von BIRGE entwickelte Pyrlimnometer[258] in die Limnologie Einzug zu halten. BIRGE wandte sich von Anfang an dem biologischen Geschehen im Verhältnis zu den physikalisch-chemischen Verhältnissen in Seen zu. Seine Strahlungsmessungen[259] führten ihn zur Theorie des Seewassers als "three-component filter".

Die Untersuchungen des Temperaturfaktors hatten die Entdeckung des thermischen Jahreszyklus zum Resultat[260], der sich den klimatischen Einflüssen verdankt[261]. Wichtig sind auch BIRGEs Auswertung der Wasserzirkulation und Wasserschichtung[262]. Dabei führte er den Terminus "Thermocline" für die von HOPPE-SEYLER genannte Sprungschicht und die Begriffe Epi- und Hypolimnion für die über- und unterhalb der Thermocline liegenden Wasserschichten mit charakteristischer Temperatur[263] ein.

BIRGE beobachtete, daß bestimmte Krebstierchen nur oberhalb der "thermocline" vorkamen. Die Sprungschicht trennt die biologischen Vorgänge, denn die Verteilung der gelösten Gase ist von der thermischen Schichtung eines Sees abhängig. Da das Hypolimnion von der Sauerstoffzufuhr abgeschlossen ist, werden die Sauerstoffvorräte durch Respiration der dort lebenden Tiere und durch die Lebensvorgänge der Mikroorganismen verbraucht, so daß in der Folge das tierische Leben reduziert wird. In der Untersuchung von 1911 über die Verbreitung gelöster Gase[264] beobachtete BIRGE die "Atmung des Sees". Gemeint war damit, daß Pflanzen Kohlendioxid zur Photosynthese aufnehmen, dem Wasser zugleich durch Herbivoren, Carnivoren und Bakterien Sauerstoff entzogen und Kohlendioxid gebildet wird, das wieder der Atmosphäre zurückgegeben wird[265]. Der Zusammenhang von Seetiefe, Größe des Hypolimnions,

---

257) SELLERY 1956,166
258) BIRGE 1922
259) BIRGE 1913
260) BIRGE 1910
261) BIRGE 1904
262) BIRGE 1897
263) BIRGE 1910a
264) BIRGE/JUDAY 1911
265) BIRGE 1910b

Seeflächengröße und Sauerstoffhaushalt führte BIRGE zur Erkenntnis des Sees als Einheit ("a sort of tiny water-cosmos by itself"[266], die FORBES[267] als "Mikrokosmos" bezeichnet hatte. Diese Verwobenheit der physikalisch-geographischen und hydrobiologischen Verhältnisse nannte BIRGE die Physiologie eines Sees[268].

> "This is the physiology of the lake as a whole - the physical and chemical processes in the lake, which result from the influence of its environment and from that of the organisms living in it (...) The area, depth, and shape of the lake; the chemistry of its water supply; the number and kind of organisms that it contains; these and many other matters affect the lake in a complex fashion, and cause it to pass through a series of changes which may not improperly be called physiological."[269]

6.2. Limnologie und Ökologie

Die Zusammenführung der seenkundlichen Vorarbeiten aus der Geologie, Geographie usw. mit den biologischen Kenntnissen über die Süßwasserwelt wie Hydrobiologie, Planktonforschung usw., die ökologische Hydrobiologie, bildet nun die wissenschaftslogische wie -historische Vorstufe zur eigentlich ökologischen - in THIENEMANNs Schema die limnologische - Stufe der limnologischen Wissenschaft[270].

In den einzelnen Wissenschaften wurden die Seen je nach wissenschaftlichem Interesse gegliedert. Die Geologie unterteilte in tektonische, Erosionsseen usw., die Fischereibiologie in Schleiseen, Hechtseen usw. Die Aufgabe der ganzheitlichen, d.h. ökologischen Limnologie bestand darin, diese verschiedenen Aspekte zu vereinen und innerhalb eines limnologischen Gesamtkonzepts darzustellen.

Die Darstellung des limnologischen Gesamtkonzepts erfolgt bei THIENEMANN nach zwei Gesichtspunkten, die aus der Eigenart der Limnologie selbst folgen.

> "Einheit und Eigenart der Limnologie ist also begründet im Objekt und in den Methoden, d.h. den Gesichtspunkten, unter denen sie ihre Objekte sieht."[271]

Zum einen erfolgt der Aufbau der limnologischen Wissenschaft nach den beiden Hauptkategorien Leben und Umwelt, der biologische und der physiographische Teil bilden dabei den materiellen Aspekt. Die Methoden stellt THIENEMANN anhand von

---

266) BIRGE 1940,45
267) FORBES 1887
268) SELLERY 1956,203
269) BIRGE 1911,XVIII
270) THIENEMANN 1925,21
271) THIENEMANN 1934,15

drei Stufen limnologischer Erkenntnis dar, der idiographischen, der cönographischen und der limnologischen Stufe. Die Limnologie ist somit die synthetische Vereinigung des philosophischen Holismus mit den Erkenntnissen der Einzelwissenschaft.

6.2.1. Die idiographische Stufe

Der *physiographische* Teil der idiographischen Stufe umfaßt das Wasser, im Gegensatz zum Land, als Lebensraum. Wie die Dichte stellen auch andere physikalische und chemische Eigenschaften, wie z.b. Viskosität, Salzgehalt und Sauerstoffkonzentration, Wärmekapazität, thermisches Verhalten u.a.m. bestimmte Lebensbedingungen dar. Dieser Teil verhält sich notwendigerweise selbständig gegenüber der Biologie.

Der *biologische* Teil der idiographischen Stufe umfaßt die Autökologie limnischer Organismen; er beschreibt die Anpassungsformen der Organismen an das Leben im Wasser. Man "muß von einer allgemein-hydrobiologischen Untersuchung des Formproblems der Wasserorganismen überhaupt sprechen"[272]. So ermöglicht beispielsweise die 775mal größere Dichte des Wassers gegenüber der Luft eine Reduktion der Stützorgane (Süßwasserpolyp, Qualle)[273], wie auch die Nutzung von Schwebeeinrichtungen bei manchen Algen, Krebstieren u.a.m.. Die Aufgabe der Autökologie besteht darin, die unterschiedlichen Anpassungen an das Wasserleben zu systematisieren und ihre Funktion zu erklären. Oceanologie und Limnobiologie sind hier noch ungetrennt. In Bezug auf die Verbreitung der Wasserorganismen sind die geographischen Verhältnisse ebenso mitzuberücksichtigen wie die biozönotischen Verhältnisse.

"Da aber zum Verständnis der Verbreitung des Einzelorganismus nicht nur die physiographischen Faktoren sondern auch die biozönotischen Verhältnisse, die Mitwelt der Organismen eine Rolle spielen, gehören die meisten chorologischen Probleme zur cönographischen Stufe, innerhalb derer die zu untersuchende Lebenseinheit nicht mehr die Art, sondern die Lebensgemeinschaft, die Biozönose oder die Assoziation ist."[274]

Allgemein befaßt sich also die Autökologie der Tier- und Pflanzenwelt mit Fragen der Art: Wie wirken Dichte, Sauerstoffsättigung usw. des Wassers auf die Formen der Lebewelt ein? Was unterscheidet ein Landlebewesen von einem Wasserlebewesen? Das Landleben für sich erfordert ebenso wie das im Wasser eine bestimmte Ausstattung, wird durch diese beschränkt oder befördert z.B. durch Möglichkeiten der Atmung, der Gewichtszunahme usw.. Da aber zu den Bedingungen eines tierischen oder pflanzlichen Organismus nicht nur die physikalische Umwelt, sondern auch die Mitlebewelt gehört, folgt nun die cönographische Stufe.

---

272) THIENEMANN 1925,19
273) RUTTNER 1940
274) THIENEMANN 1925,19

6.2.2. Die cönographische Stufe

Hier ist also nicht mehr "Wasser" Gegenstand der *Physiographie*, sondern die "Gewässer" als Lebensstätten wie Grundwasser, Quellen, Fließende Gewässer, Stehende Gewässer, Gewässer mit abnormen Temperaturverhältnissen und besonderem Chemismus. Es sind verschiedene "Lebensstätten", für die bestimmte, definierbare physikalische und chemische Bedingungen charakteristisch sind.

Hierbei ist zunächst der Zusammenhang der spezifischen Bedingungen der Lebenswelt und der daraus sich ergebenden Biozönosen im Hinblick auf ihre Ausstattung Gegenstand. Die verschiedenen Lebensstätten weisen in sich vielfältige Formen auf, die nach unterschiedlichen Faktoren, wie Strömung, Temperatur, gelösten Salzen unterschieden werden: Quellen lassen sich strömumgsbedingt in Sicker-, Sturz - und Tümpelquellen unterscheiden. Es gibt Akratopegen (THIENEMANN 1922,155) mit niedriger Jahresdurchschnittstemperatur und geringer thermischer Schwankungsamplitude und heiße Thermalquellen. Fließgewässer haben verschiedenste Ausprägungen: Wiesenbäche, Bergbäche, Tieflandbäche usw..

Die Lebensstätten selbst lassen sich physiographisch noch feiner untergliedern. Flüsse beispielsweise weisen verschiedene Regionen auf, die durch Strömungsverhältnisse, Wasserhaushalt, geologische und thermische Einteilung (ULE 1925) gekennzeichnet sind.

Zu diesen physikalisch-chemisch bedingten Besonderheiten kommen auf der biologischen Ebene die biozönotischen Verhältnisse, d.h. "die Untersuchung der in den Binnengewässern vorkommenden vitalen Vereinigung von Organismen auf Grund der Ernährungs-, Atmungs-, Fortpflanzungsbeziehungen und des Schutzbedürfnisses"[275]. Das Gemeinschaftsleben ist nur verständlich, "wenn man ebenso das `Einzelleben im Wasser` kennt wie auch die hydrographischen und hydrogeographischen Eigenschaften der Gewässer studiert hat."[276] Denn das Vorkommen einer Art hängt hier nicht mehr allein von den physiographischen Bedingungen alleine ab, sondern auch von dem Vorkommen anderer Arten. Die biozönotischen Beziehungen bilden in sich ebenfalls eine miteinander verschlungene Einheit. So bilden Bachmoose für Insektenlarven und -puppen einen Lebensraum in Bächen, die Pflanzenwelt der Teiche und Seen dient als Substrat für Mikrofauna und -flora der Gewässer. Manche Köcherfliegenlarven verwenden Pflanzenstücke zum Bau ihrer Gehäuse usw..

Der Zusammenhang von Biozönose und Biotop wurde von THIENEMANN anhand der Talsperrenuntersuchungen illustriert. Denn bei diesen künstlichen Seen, an

---

275) THIENEMANN 1925,20
276) THIENEMANN 1925,17

deren tiefsten Stelle das Wasser entströmt[277] und deren Wasserstandswechsel sich nicht natürlichen Zu- und Abflußsystemen, sondern den funktionellen Konstruktionsprinzipien[278] verdankt, die zur "Entleerung des Sees bei Spülungen des Stauraumes oder für Kontrollen der Sperre oder zwecks Entlastung der Sperre bei drohendem Versagen"[279] eingerichtet wurden, bewirkt die Veränderung der Abflußverhältnisse eine spezifische Lebe- und Umwelt. "Aus diesen verschiedenartigen Abflußverhältnissen lassen sich die gesamten hydrographischen und hydrobiologischen Unterschiede zwischen Talsperre und natürlichem See ableiten"[280].

6.3.3. Die limnologische Stufe

In der limnologischen Stufe erfolgt nun die eigentliche limnologische Synthese, die die biologische und physiographische Seite der cönographischen Stufe zur Einheit zusammenfügt,

"Diese Einheit spricht sich aus in der Wechselwirkung zwischen Biotop und Biocönose, beide stehen in funktioneller Abhängigkeit voneinander. Die Lebensgemeinschaft ist in ihrem Wesen bedingt durch ihren Lebensraum; sie verändert aber auch ihrerseits durch ihre Lebenstätigkeit ihren Biotop..."[281]

War in der cönographischen Stufe die Wechselwirkung der Lebewelt mit der sie umgebenden Umwelt erfaßt, die Beständigkeit, die Regelmäßigkeit dieses Verhältnisses je nach variierenden Bedingungen in den biozönotischen Gesetzen ermittelt, so ist in der limnologischen Stufe die Einheit von Umwelt und Lebewelt der Gegenstand. THIENEMANN betrachtet die Wechselwirkung zwischen Lebewelt und Umwelt ganzheitlich als Voraussetzung und Resultat ihrer selbst. Jedes Verhältnis von Umwelt und Lebewelt ist als in sich selbst erhaltende Ganzheit zu betrachten. Das ist die "organizistische" Vorstellung in der Limnologie, die es heute nicht mehr gibt.

Damit sind die theoretischen bzw. philosophischen Bestimmungen des Ausgangspunktes eingelöst. Jeder Naturausschnitt ist gedacht von seinem Standpunkt der Selbsterhaltung her. Von diesem Standpunkt aus ist die Erklärung identisch mit dem Nachvollzug dessen, was zur Selbsterhaltung dient, was diese in Gang hält; es ist dies das wissenschaftliche "Natur-Verstehen". Als diese Ganzheit ist der See zugleich ein Stück Natur mit unverwechselbarer Individualität. Die Frage, die zum Seetypenproblem führt, ist die, wie ein See im Hinblick auf die Selbsterhaltung beschaffen ist.

---

277) THIENEMANN 1911,535
278) WIETHEGE 1983,6
279) VISCHER/HUBER 1978,121
280) THIENEMANN 1911,538
281) THIENEMANN 1925,21

Die limnologische Stufe findet ihre Durchführung in der Seetypenlehre, die den *Kreislauf der Stoffe* in den Binnengewässern durch die *Produktionsbiologie* der Binnengewässer zur *Klassifizierung dieser limnologischen Einheiten* zusammenfaßt. Der holistische Gesichtspunkt innerhalb der Seenkunde führt also zu einer neuen Wissenschaft, deren Gegenstand im weiteren präzisiert wird.

7. Seetypenlehre und Produktionsbiologie

Wir hatten gesehen, daß bereits die geographische Limnologie eine Seentypologie auf Grundlage der thermischen Schichtung entworfen hatte, so wie auch fischereibiologisch oder in Bezug auf den Planktonbesatz Typologien erstellt worden waren. Durch die ökologische Betrachtung der Seen als sich selbst reproduzierende Einheiten - die limnologische Stufe in THIENEMANNs Schema - wurde "vor allem die Erkenntnis des Sees als *Lebenseinheit* gefördert und die hierfür erforderliche Synthese der verschiedenen Gedankengänge. Sie (Die Seentypenfrage, G.S.) hat dadurch der Limnologie gewissermaßen mitgeholfen, sich zum Bewußtsein ihrer Selbständigkeit durchzuringen".[282]

Damit war die Aufgabe gestellt, diese Einheit auf Grundlage der geographischen Individualität, der regionalen Verschiedenheit der Biozönosen, also der *unterschiedlichen* biologischen wie physiographischen Besonderheiten, die die cönographische Stufe auszeichnen, in einer für alle Seen gleichermaßen verbindlichen Eigenschaft wiederzufinden.

7.1. Die Hydrobiologie als Vorbereitung zur Limnologie: Die Eifeler Maare

Ihren Ursprung hatte die Seetypenlehre in den Untersuchungen der Eifeler Maare, die THIENEMANN im August 1910, also noch während seiner Tätigkeit an der Biologischen Station in Münster, zusammen mit dem Bonner Zoologen Walter VOIGT[283] durchführte[284]. Bei diesen Untersuchungen, die von 1910 bis 1916 dauerten, begann THIENEMANN, seine fischerei- und abwasserbiologischen Kenntnisse und Methodiken auf die Untersuchung von Seen anzuwenden, ohne jedoch dabei in anwendungsbezogener Absicht zu forschen. Die ganzheitlichen Ideen waren dabei noch keineswegs federführend, denn

"als wir diese Untersuchung begannen, ahnte ich allerdings nicht, welche Folgen diese Arbeiten für die Wissenschaft von den Binnengewässern, die Limnologie, haben sollten."[285]

Die Orientierung an physiographischen und biozönotischen Merkmalen bestimmte Vorgehensweise und Aufbau der Studien. So erfolgte beispielsweise die Einteilung der Eifeler Maare anhand der Seetiefe in zwei Gruppen. Nur das kleinste aller Maare, das Ulmener Maar, nahm aufgrund der auffälligen Salzkonzentration des Seewassers eine

---

282) LENZ 1933,6
283) Walter VOIGT (1856-1928), Professor der Zoologie in Bonn. Vgl. THIENEMANN (1929)
284) THIENEMANN 1913b; OVERBECK 1985
285) THIENEMANN 1959,62

Sonderstellung ein[286]. Mit Hilfe der physikalisch-chemischen Untersuchungen, also Thermik, Optik, Salzgehalt und Sauerstoffgehalt, sollte der Zusammenhang zur Lebewelt ermittelt werden[287].

"Es kam mir hierbei darauf an zu zeigen, welchen Einfluß die eigentümlichen chemischen und thermischen Schichtungsverhältnisse im Ulmener Maar auf die Planktonten ausüben, und fernerhin auch zahlenmäßig festzustellen, daß die beiden auf Grund ihrer hydrographischen Eigenart unterschiedenen Maartypen auch in planktonologischer Beziehung völlig verschiedene Seetypen sind."[288]

Dementsprechend entwickelte THIENEMANN eine Systematik der untersuchten Seen im Hinblick auf die physikalisch-chemischen Faktoren, denen eine bestimmte biologische Lebewelt entsprach, wie folgende Zusammenstellung zeigt.

I. Sprungschicht vorhanden, aber ohne Einfluß auf die Sauerstoffkurve.
A. Unteres Hypolimnion mit über 70% Sauerstoffsättigung. B. Unteres Hypolimnion sauerstoffarm

II. Sprungschicht vorhanden, aber Knick in der Sauerstoffkurve, d.h. starke Abnahme der Sauerstoffmenge vom Metalimnion abwärts
A. Sauerstoff wenigstens in Spuren bis zum Grund. B. Über Grund eine sauerstofffreie, oft schwefelwasserstoffhaltige Wasserschicht.

III. Sprungschicht fehlt, Sauerstoffgehalt aller Schichten gleich oder Sauerstoffkurve ohne Knick. A. Flache Seen mit windbedingter Sommervollzirkulationen B. Talsperren mit vertikaler Durchmischung infolge des hypolimnischen Abflusses.

Die Gruppe I der Seen wies dabei größere Tiefen auf, hatte eine schmale Uferbank, zeigte geringe Phytoplankton- und Litoralpflanzenentwicklung und Sauerstoffreichtum in der Tiefe, während Gruppe II alle gegenteiligen Merkmale hat. Zugleich ergab die Untersuchung des Ulmener Maars[289], daß der Salzgehalts dieses Sees auf den Sauerstoffgehalt einwirkt. Den physikalisch-chemischen Befunden entsprach eine bodenfaunistische Gliederung. So war die Gruppe I vor allem durch Chironomidenlarven der Tribus Tanytarsini insbesondere durch *Lauterbornia coracina* gekennzeichnet, Gruppe II hingegen durch den Tribus Chironomini, d.h. durch die Vertreter der Gattung Chironomus.

---

286) THIENEMANN 1919,105
287) THIENEMANN 1915,315ff
288) THIENEMANN 1919,104
289) THIENEMANN 1919

THIENEMANN stellte fest, daß die Einteilung der Maare nach geographischen und geologischen Gegebenheiten vermittels der daraus resultierenden physikalisch-chemischen Gegebenheiten mit einer Unterscheidung der in den Seen vorhandenen Larven unterschiedlicher Chironomidenarten korrelierte. So enthielt also Maargruppe I im graubräunlichen Schlamm röhrenbauende *Lauterbornia-coracinus*-Larven, ein Hinweis auf sauerstoffreiches Tiefenwasser, und Maargruppe II im braunschwarzen Schlamm Larven von *Chironomus-anthracinus*. Anhand der Verteilung der Chironomidenlarvenarten auf die unterschiedlichen Seen folgt eine erste Unterscheidung der Maare: den Chironomus- und Tanytarsustyp.

7.2. Erste Konsequenzen aus den Untersuchungen im Hinblick auf die Seetypologisierung

Wenngleich THIENEMANNs erste Studien zu den Eifeler Maaren den Untersuchungen von BIRGE und JUDAY von 1911 sehr ähnelten - beide ermittelten Zusammenhänge zwischen physikalisch-chemischen Gegebenheiten und dem Vorkommen des pflanzlichen und tierischen Lebens -, so ging THIENEMANN in seinen Schlußfolgerungen mit der Systematisierung der Eifeler Maare in Chironomus- und Tanytarsusseen[290] einen ersten Schritt über die hydrobiologische und chemische Analyse der beiden amerikanischen Limnologen hinaus. Bereits 1909 hatte THIENEMANN[291] die Dominanz von *Corethra* und *Chironomus* in der Bodenfauna der baltischen und die Dominanz von *Tanytarsus* in der Bodenfauna der subalpinen Seen erwähnt. THIENEMANN war dabei die Ähnlichkeit der baltischen Tiefenfauna mit den Polysaprobien im System von KOLKWITZ und MARSSON[292] aufgefallen, und er vermutete Unterschiede im Sauerstoffgehalt als Ursache. Im Unterschied zu den abwasserbiologischen Untersuchungen ging THIENEMANN daran, mit Hilfe bestimmter "Indikatororganismen" in der ökologischen Limnologie nun nicht mehr den Verschmutzungsgrad, sondern die limnologische Gesamtheit der geographischen Einheit See zu charakterisieren. Daß die Chironomiden als Indikator der limnologischen Einheit und nicht einer tiergeographischen Unterscheidung der Seen dienten, darauf hat THIENEMANN ausdrücklich hingewiesen[293]. Dies war jedoch nur der erste Schritt zu einer die gesamte Einheit der Seen umfassenden Seenklassifizierung, denn

> "Korrelationen zwischen den Seebiocönosen und zwischen Seelebewelt und Lebensraum sind nicht durchgehend feste. So kann bei überaus ähnlichen litoralen Verhältnissen zweier Seen das Plankton grundlegende Verschiedenheiten aufweisen."[294]

---

290) THIENEMANN 1912,1913b
291) THIENEMANN 1909b
292) KOLKWITZ/MARSSON 1902,1908,1909
293) THIENEMANN 1954,390 f
294) THIENEMANN 1921b,344

Da also bei durchaus ähnlichen Umweltverhältnissen ganz verschiedene Gesamt-Biozönosen auftreten können, war die Unterscheidung anhand einzelner (Leit-) Organismen für die "ganzheitliche" Seetypisierung nur bedingt tauglich. Die Anwendung der beiden Kennzeichnungen Chironomussee und Tanytarsussee auf die geographische Verteilung der Seen führte im weiteren zur Feststellung der geographische Verbreitung der beiden Seetypen.

"Weiter stellte sich heraus, daß die norddeutschen Seen im allgemeinen Chironomus-Seen sind, während die großen subalpinen Seen zu den Tanytarsus-Seen gehören."[295]

Die geographische Einteilung in subalpine und baltische Seentypen drückte die *ökologische* Qualität der Süßgewässer aus.

"Der Chironomussee hatte nunmehr die Bezeichnung 'baltischer See' erhalten, da er in diesem Gebiet vorherrschte, während der Tanytarsussee 'subalpiner See' genannt wurde; beide sollten keine geographischen Begriffe sein."[296]

Zwar wies der Zusammenhang zwischen dem Vorkommen dieser beiden Chironomidenarten und den physikalisch-chemischen Faktoren auf ein allgemeineres ökologisches Verhältnis hin wie auch die Verbreitung dieser Seetypen innerhalb bestimmter geographischer Räume den Schluß auf eine objektive biologisch bestimmbare Eigenschaft nahelegten - dennoch verblieben THIENEMANNs Bezeichnungen noch zu sehr im Bereich des geographisch beschränkten Erscheinungsbildes, als daß sie sich für eine allgemeine, d.h. globalisierbare Charakterisierung eigneten. Das Problem bestand darin, ökologisch brauchbare Bezeichnungen für die Einheit von geographischen und biozönotischen Faktoren zu finden[297].

7.3. Der Trophiegrad als Unterscheidungskriterium

Die Aufgabe, ein *limnologisches* Merkmal für Seen zu finden, erheischte im weiteren die inhaltliche Bestimmung dessen, worin das *Limnologische* bzw. das *Ökologische* der Seen nun bestünde. Hierbei kamen THIENEMANN die Untersuchungen des Schweden Einar NAUMANN zuhilfe. Einar NAUMANN hatte ab 1917 seinem System die Intensität der Phytoplanktonproduktion, die durch verschiedenen Nährstoffgehalt des Sees verursacht wird, zugrundegelegt. NAUMANN führte die Termini

---

295) THIENEMANN 1931a
296) LENZ 1933,2
297) THIENEMANN 1955,71

"eutroph"-"oligotroph" aus der Moorforschung ein, um damit die Nahrungsverhältnisse für das Plankton zu bezeichnen[298].

Einar NAUMANN (1891-1934), der ab 1917 Dozent für Botanik an der Universität Lund war, ab 1929 eine Professur für Limnologie an derselben Universität innehatte und im selben Jahr Vorsteher des Limnologischen Instituts der Universität in Lund wurde, hatte ebenso wie THIENEMANN als angewandter Ökologe gearbeitet. So unter KOLKWITZ an der Landesanstalt für Wasserhygiene und bei SCHIEMENZ am Institut für Binnenfischerei. THIENEMANN und NAUMANN trafen sich am 23.4.1921 das erste Mal[299]. Im wesentlichen umfaßte NAUMANNs Werk drei Forschungsbereiche: Sedimentforschung, Regionale Limnologie und Planktonforschung. Den gemeinsamen Nenner seiner unterschiedlichen Forschungsvorhaben formulierte NAUMANN in seiner Dissertation, in der er versucht hatte,

"die Planktonologie der betreffenden Gewässer als einen Indikator des allgemeinen Seentypus in geographischer bzw. ökologischer Hinsicht zu verwerten, andererseits aber auch die Abhängigkeit der strukturellen Eigentümlichkeiten der pelagisch gebildeten Schlammablagerungen von den durch die Umgebung bedingten sedimentbildenden Faktoren - in erster Hand der Planktonproduktion - näher zu erkundigen."[300]

NAUMANNs Vergleich nährstoffreicher und nährstoffarmer Seentypen ergab, daß sich typische Gyttja nur in nährstoffreichen Seen mit reicher Planktonproduktion, und typisches Dy nur in nährstoffarmen Moorgebieten findet, in deren Seen planktogene Sedimentbildung unwesentlich ist. Der unterschiedliche Nährstoffgehalt der beiden Sedimentarten Gyttja und Dy, also die unterschiedliche Produktionshöhe der Bodenfauna, zieht beispielsweise Fischertrag in unterschiedlicher Höhe nach sich. Somit waren die Sedimente als Indikatoren der allgemeinen Produktionshöhe zu verwenden. NAUMANN gelangte dabei zur ökologischen Seentypisierung des baltischen, d.i. des nährstoffreichen und des nordeuropäischen, d.i. des nährstoffarmen Seetypus, die NAUMANN in seiner limnologischen Terminologie als eutroph und oligotroph nannte. Dabei bezeichnete der Trophiebegriff die quantitative Phytoplanktonentwicklung als Ausdruck des Gesamtstoffwechsels.

---

298) NAUMANN 1931,695
299) THIENEMANN 1937b,6
300) NAUMANN 1917,124, zit.n.ELSTER 1958,103

Im Rahmen seiner "Regionalen Limnologie", die die regionale Verbreitung der Seetypen, "d.h. die Eigenart der Gewässer aus der Eigenart der Landschaft, in die sie eingebettet sind, (zu) verstehen"[301], umfassen sollte, entwarf NAUMANN sein Seentypenkonzept[302]. Er unterschied dabei folgende Typen:

    I. Eutrophe Gewässer: Chemisches Spektrum des Seewassers: wenig variabel. Mesotypus des N- und P-Spektrums. Stark variable Spektra: Calcium, Detritus. Hauptcharakter in Seen: durch Phytoplankton gefärbtes Wasser.

    II. Oligotrophe Gewässer: Chemisches Spektrum des Seewassers: Oligotypus des N- und P-Spektrums. Stark variable Spektra: Calcium, Detritus. Hauptcharakter: klares Wasser aufgrund der Armut an Phytoplankton.

Für beide Typen hatte NAUMANN eine ortho- und paratrophe Reihe und zudem eine Anzahl Untertypen nach ihren speziellen Haushaltsarten entwickelt:

    a) Eutropher Typus: Wasser wegen Hochproduktion an Phytoplankton für gewöhnlich stark gefärbt. Lang andauernde Wasserblüte. Kombination mit Argillotrophie sehr häufig, mit schwacher Dystrophie häufig, mit starker Dystrophie selten.

    b) Oligotropher Typus: Phytoplankton färbt Wasser aufgrund geringer Produktion nicht. Wasserblüte nicht oder nur kurzzeitig. Merkmale: harmonische Oligotrophie, extreme Alkalitrophie, Dystrophie, Argillotrophie, Azidotrophie, Siderotrophie.

NAUMANN faßte dabei die Nährstoffspektren und die Entwicklung des Phytoplanktons in der Trophie zusammen und unterstellte damit, daß sich beide Größen, die bei FINDENEGG[303] als Trophie und Produktion getrennt waren, entsprachen.

Die beiden produktionsbiologisch gemeinten Bezeichnungen eutroph und oligotroph deckten sich im wesentlichen mit der von THIENEMANN aufgestellten Unterteilung in Tanytarsus- und Chironomusseen, so daß THIENEMANN 1921[304] die beiden Seetypisierungen zu vereinen suchte. Dem eutrophen Seetyp entsprach der Chironomusee, dem oligotrophen Seetyp der Tanytarsussee. Der dystrophe (Humus-)Seetypus Skandinaviens, der arm an Nährstoffen war, fügte sich in die Charakterisierung ein.

---

301) THIENEMANN 1937b,12
302) NAUMANN 1932
303) FINDENEGG 1955
304) THIENEMANN 1921a

7.4. Vergleich verschiedener Seetypenmodelle

So ergab sich als erste Grundlage für die weitere Entwicklung der Seetypenlehre folgendes Schema:

I. Harmonische Seetypen: Gleichmäßige Vertretung aller lebensnotwendigen Stoffe; kein Stoff im Übermaß vorhanden. Daher 'normale' und harmonische Entwicklung des Gesamtlebens und der Teilproduktionen.

1. Eutropher Seetypus: Die Pflanzennährstoffe, vor allem Phosphorsäure und Stickstoff reichlich vorhanden. Hochproduktiver See.

2. Oligotropher Seetypus: die Pflanzennährstoffe in geringer Menge vorhanden. Geringproduktiver See.

II. Einseitig charakterisierte Seetypen: Ein nicht zu den allgemein notwendigen Lebensbedingungen gehöriger Stoff im Übermaß vorhanden.

3. Dystropher Seetypus: Humusstoffe in großer Menge vorhanden. Man kann die beiden ersten Typen auch als Klarwasserseen zusammenfassen, den dritten als Braunwassersee bezeichnen.

Obgleich sowohl NAUMANN als auch THIENEMANN den Trophiegrad, d.h. die Produktionsintensität, ihren Haupttypen oligo- und eutroph zugrunde legten, unterschieden sich beide Forscher jedoch sowohl im Hinblick auf die benutzten Indikatoren als auch in der Art der Durchführung des Systems. NAUMANNs Unterscheidung bezog sich auf das Pelagial, diejenige THIENEMANNs auf das Hypolimnion und Profundal.

Das Problem des quantitativen und qualitativen Verhältnisses dieser Biozönosen zueinander und ihre Verknüpfung mit dem chemischen Umsatz im Gesamtsee ist zugleich das Problem der Synthese der beiden Systeme zu einem wirklich umfassenden limnologischen System.

"Die Synthese der Systeme von Thienemann und Naumann ist trotz vieler freundschaftlicher Versuche zu Lebzeiten Naumanns in Wirklichkeit bis heute noch nicht geglückt."[305]

In gewisser Weise wies NAUMANNs Seetypeneinteilung, wie er sie in seinen "Grundzüge(n) der regionale(n) Limnologie"[306] vorgelegt hatte, gegensätzliche Momente zu THIENEMANNs dreigliedrigem Schema auf. So gelangte NAUMANN beispielsweise zu dem Resultat, daß die Alpenseen aufgrund ihres Calcium-Gehalts, der

---

305) ELSTER 1956
306) NAUMANN 1932

aufgrund der Demobilisierung von Phosphat und Eisen zu einem geringeren Phytoplanktongehalt führte, als alkalitrophe Seetypen zu bezeichnen seien. Diese Seen fielen nach dem THIENEMANNschen Schema in die Kategorie des harmonisch oligotrophen Seetypus. Alkalitrophie war nach NAUMANN dann gegeben, wenn der Calcium-Gehalt die gesamte Produktionsbiologie beherrschte. THIENEMANN widerlegte durch den Nachweis, daß die Calcium-Werte der oligotrophen Alpenseen denen der eutrophen Seen des Plöner Gebiets entsprachen, die Ansicht NAUMANNs, daß der Calcium-Gehalt dazu hinreichte, von einem einseitig charakterisierten Seetypus zu sprechen[307]. Doch nicht nur die möglichen Diskrepanzen zwischen NAUMANN und THIENEMANN offenbarten die Problematik der Seetypologie. Die Schwierigkeit lag nicht darin, Seen aufgrund eines vorliegenden Modells oder Klassifikationsschemas zuzuordnen, sondern sie ist darin zu sehen, daß ein für alle Seen gleichermaßen gültiges Klassifikationsschema, das der limnologischen Einheit See gerecht wird, erst gefunden werden mußte.

So zeigt ein Vergleich mit anderen Seetypenmodellen[308], daß die Versuche, ein Seetypenschema zu errichten, nicht dem Bedürfnis geschuldet waren, einfach ein bequemes Klassifikationsschema aufzustellen. NAUMANNs Auflistung der acht verschiedenen Gesichtspunkte, unter denen Seetypenmodelle erstellt wurden - NAUMANN nennt beispielsweise den geographischen, den stratigraphischen, den thermischen, den fischereibiologischen etc.[309] -, die ihrerseits wiederum verschiedene Seetypenmodelle hervorbrachten, führt die Schwierigkeit eines einheitlichen Systems geradezu plastisch vor Augen.

Zudem führte die Orientierung an tiergeographischen Besonderheiten zu einer Fülle von Seetypen. So ging beispielsweise ALM[310] bei der Unterscheidung der schwedischen Seen vom Trophiegrad aus, unterteilte aber innerhalb dessen nach dem Vorkommen von regional häufig vorkommenden Tiergruppen (wie z.B. Zuckmückenlarven, Krebsen und anderen Tiergruppen). Ebenso teilte VALLE[311] nach dem Trophiegrad ein und traf auf dieser Grundlage ebenfalls weitere Unterscheidungen nach in finnländischen Seen häufigen Tiergruppen (Muscheln, Zuckmücken, Würmern (Lumbrificiden)). Dasselbe gilt für LUNDBECK[312], der seiner Seentypisierung einen Zusammenhang zwischen Trophiestandard und der Zusammensetzung der profundalen Chironomidenfauna zugrundelegte und den oligotrophen Typus in *Orthocladius*- und

---

307) THIENEMANN 1933b
308) THIENEMANN 1955,76
309) NAUMANN 1931
310) ALM 1922; NAUMANN 1931
311) VALLE 1927
312) LUNDBECK 1926

Tanytarsus-Seen, den mesotrophen Typus in *Stictochironomus*- und *Sergentia*-Seen, den eutrophen Typus in *Bathophilus*- und *Plumosus*-Seen unterteilte[313].

Die hier von BRUNDIN referierte Feineinteilung zeigt die grundlegende Schwierigkeit. Je mehr sich eine Seetypeneinteilung auf tiergeographische Besonderheiten stützte, desto weniger war sie dazu in der Lage, die selbstreproduktive Fähigkeit der Seen zum Ausdruck zu bringen. Der Versuch, den Trophiegrad durch immer wieder neue Einteilungen dingfest zu machen, führte zu einer Unübersichtlichkeit der Seetypisierungen, die die Seetypologie unbrauchbar zu machen drohte.

"Dass von prominenter Stelle in aller Öffentlichkeit das Wort fiel, die Seetypenlehre sei in Gefahr, 'totgeritten' zu werden, kennzeichnet die Situation."[314]

Und wenn FINDENEGG schon beinahe lakonisch seine Arbeit über "Die Planktonproduktion im oligotrophen und eutrophen See" mit der Bemerkung beginnt:

"Die vorliegende Arbeit verfolgt weder den Zweck, theoretische Betrachtungen über den Begriff Produktion beizubringen, noch auch die schon ansehnliche Zahl der Einteilungen der Seen auf Grund des Trophiezustandes zu vermehren",[315]

so reflektiert sich darin die Situation, daß die Seetypenlehre sich zwar zum einen als ein abstrakt-allgemeines Klassifikationsschema anbot, daß dies aber allein nicht den Maßstab der Seetypologie bildete.

So warf der für die Kennzeichnung des biologisch ganzheitlichen Charakters gefundene Trophiegrad das Problem auf, für die Lebenseinheit See ein zuverlässiges Merkmal zu finden, an dem zugleich alle Seen unterschieden werden konnten. Dieses Merkmal mußte die Lebenstätigkeit in Seen wiedergeben und zugleich den geographischen Besonderheiten genügen. Geht man mit ELSTER[316] davon aus, daß der Versuch THIENEMANNs, einen allgemeingültigen Zusammenhang - der später von OHLE[317] relativiert werden mußte - zwischen der Seebeckenmorphologie und den Seentypen[318] aufzustellen, in seiner Untersuchung der Sauerstoffverhältnisse zum oligo- und eutrophen See ihren *ersten ökologischen* Niederschlag fand, dann schält sich dieses Hauptproblem der Seetypenlehre heraus, das Problem der *Indikatorbildung*. Ein von THIENEMANN gefundener Indikator des Trophiegrads war die Form der Sauerstoffkurve:

---

313) BRUNDIN 1956,187
314) LENZ 1933,6
315) FINDENEGG 1940,197
316) Mündl. H.J.ELSTER
317) OHLE 1933
318) THIENEMANN 1927a

"So kann der Unterschied zwischen oligotrophem und eutrophem Typus durch die Eigenart des vertikalen O_2-Gefälles gekennzeichnet werden."[319]

Nun waren neben den Nitrat- und Phosphatspektren, der Phytoplanktonentwicklung des Epilimnion, der Zusammensetzung der Profundalfauna die Sauerstoffkurven ein wesentliches Merkmal des Trophiegrads. Allerdings ergab die Miteinbeziehung anderer Klimate und Höhenlagen eine Erweiterung des Systems: Für Hochgebirgs- und arktische Seen wurden eine Unterscheidung in ultra- bzw. panoligotrophe Seen, für tropische Seen eine hoch- und ultraeutrophe Stufe der vorhandenen Seenskala hinzugefügt[320]. Vor allem die Ergebnisse der Sundaexpedition zwangen zu einer Reform des Trophie- und Produktionsbegriffs.

7.5. Tropische Seen und das Problem der Seetypenlehre

Die von August THIENEMANN und Franz RUTTNER gemeinsam initiierte Deutsche Limnologische Sundaexpedition in den Jahren 1928/29 wurde mit Unterstützung der Notgemeinschaft der Deutschen Wissenschaft, der Kaiser-Wilhelm-Gesellschaft und des Preußischen Ministeriums für Wissenschaft, Kunst und Volksbildung sowie zahlreicher Firmen[321] durchgeführt. THIENEMANN hat seine Reiseeindrücke in mehreren Aufsätzen und in seiner Autobiographie[322] festgehalten. Neben RUTTNER und THIENEMANN nahmen noch H.I. FEUERBORN aus Münster und der ebenfalls in Lunz am See arbeitende Mechaniker HERRMANN teil. Wenngleich die Expedition eine Menge von faunistischen und floristischen Ergebnissen erbrachte, beispielsweise die Befunde hinsichtlich der Faunenelemente mariner Herkunft[323] - Krabben, Garnelen, Mollusken zeigten marine Herkunft, in den Insulinden verbreitete Polychaeten ähnelten der Gattung *Nereis*, auch der Krabbenparasit *Sacculina* war verbreitet - so war dennoch das für die Entwicklung der Limnologie herausragende Ergebnis der Expedition die Prüfung der seetypologischen Einteilung.

Die Sunda-Expedition sollte auch dem Ziel dienen, durch Hinzuziehung der tropischen Süßgewässer zu den schon untersuchten temperierten Seen die Seetypensystematik zu verallgemeinern.

"... wir betrachten ja im allgemeinen die Tropen als die Wiege des Lebens, sehen in den tropischen Verhältnissen mit ihrem großen Gleichmaß das Ursprüngliche, in den Lebensverhältnissen der gemäßigten Zonen das Abge

---

319) THIENEMANN 1928,141
320) ELSTER 1958,106
321) THIENEMANN 1930a
322) THIENEMANN 1959
323) THIENEMANN 1930,14

leitete. So müßte die Erforschung der Limnologie der Tropen auch die Eigenart der temperierten Binnengewässer in neuem Licht erscheinen lassen."[324]

Fassen wir zunächst mit THIENEMANN die wichtigsten bei der Expedition gewonnenen Befunde zusammen. Davon ausgehend, daß die Bedingungen in den tropischen Breiten maximale Lebensentfaltung erlauben, zählte THIENEMANN die tropischen Seen zu den extrem eutrophen Seen. Dieser eutrophe Typ galt ihm als der primäre, von dem aus er die Einteilung anderer Seetypen entwickelte, die sich durch Verschiebung des Lebensoptimums ins Pejus ergaben.

"Eine Verschiebung der Lebensverhältnisse aus dem Optimum ins Pejus ist möglich, *entweder*, indem die allgemein notwendigen Lebensbedingungen mehr oder weniger gleichmäßig allmählich ins Minimum geraten, wobei die Harmonie innerhalb der Gesamtproduktion gewahrt bleibt, *oder*, indem durch extreme Entfaltung eines nicht zu den allgemeinen Lebensbedingungen gehörigen Einzelfaktors - oder auch durch sein Verschwinden - das Milieu und damit auch die Entwicklung des Lebens einseitig und die Produktion disharmonisch wird."[325]

Die "Verschiebung der Lebensbedingungen" ist insofern rein idealtypischer Natur, als die kontinuierliche Veränderung bestimmter Faktoren in der Reinform nicht zutage tritt. Zunächst betrachtete THIENEMANN die Veränderung der allgemeinen Faktoren.

"Erniedrigung der Temperatur bei Entfernung vom Äquator gegen die Pole hin, verbunden mit Zunahme der Schwankungsamplituden - wirkend vor allem auf die Wachstumsintensität und Schnelligkeit der Generationsfolge -, sowie Verminderung der notwendigen Pflanzennährstoffe durch Zunahme oligotrophen Geländes in höheren Breiten, verminderte und unregelmäßigere Aufschließung des Bodens - wirkend vor allem auf die Dichte der Besiedlung -, beides erniedrigt die Gesamtproduktion und läßt aus dem eutrophen See den harmonisch oligotrophen See werden, der in schärfster Ausprägung für kalte Klimate charakteristisch ist."[326]

Sodann bestimmte er die Veränderung anhand von Einzelfaktoren, wie "Humus (Humus- oder dystrophe Seen), Kalk (Kalk- oder alkalitrophe Seen), Eisen (Erz- oder siderotrophe Seen), Säure (saure oder acidotrophe Seen), Tonsuspensionen (Ton- oder argillotrophe Seen). Die letztgenannten Seen bilden aber wohl keinen anderen koordinierten Typus"[327].

---

324) THIENEMANN 1930,3
325) THIENEMANN 1932,214
326) THIENEMANN 1932,214
327) THIENEMANN 1932,215

Auf Grundlage dieser Überlegungen gelangte THIENEMANN zu folgender Gruppierung, die zwar noch die Unterscheidung in den Trophiegrad beinhaltete, aber sie dem Kriterium der gleichmäßigen bzw. einseitigen Veränderung der Umweltfaktoren unterwarf. Im Rahmen der Neugruppierung des NAUMANNschen Systems ordnete THIENEMANN den eutrophen und oligotrophen Seetypus dem harmonischen Seetypus zu, und die dystrophen, alkalitrophen, siderotrophen und acidotrophen Seetypen dem einseitig charakterisierten Seetypus zu[328].

Die Neueinteilung trug dem Umstand Rechnung, daß in den tropischen Seen der Temperaturfaktor die durch den Bau des Seebeckens bedingten physikalisch-chemischen wie biologischen Verhältnisse dominierte. Allerdings waren die Seetypen nur qualitativ und nicht auf quantitativer Grundlage zu unterscheiden. Quantitative Kenngrößen für einen einzelnen Typ waren nicht definiert.

"Berücksichtigt man so die Seen der ganzen Erde, so fällt die für die Seen
der gemäßigten Klimate zwischen oligotrophem und eutrophem Typus
zahlenmäßig festgestellte morphometrische Grenze. Solch Schwinden fester
Grenzen, die sich durch Zahlen fassen lassen, mag zwar bedauerlich sein,
ist aber eine Erscheinung, die auf allen Gebieten bei jeder Vermehrung unseres Wissens zu beobachten ist."[329]

Insofern der Temperaturfaktor als allgemeiner Faktor auf den Trophiegrad Einfluß nahm, ordnete THIENEMANN den Trophiegrad als Resultat den allgemeinen Faktoren unter, da deren Veränderung eine Veränderung des Trophiegrads nach sich zog. Ebenso galt dies für Seen mit Veränderung eines einzelnen Faktors, soweit sie wie beim dystrophen Seetyp untersucht waren.

"Nur bei den harmonischen Seetypen und nur in den gemäßigten Zonen der
Erde bestimmt der Bau des Seebeckens den Trophiegrad des Sees. Unter
arktischen und tropischen Verhältnissen werden diese Beziehungen durch
den ausschlaggebenden Einfluß des Temperaturfaktors verwischt. Unter den
einseitig charakterisierten Seetypen läßt sich bis jetzt nur der dystrophe See
auf diese Beziehungen hin prüfen; bei ihm tritt der Bau des Beckens als regulativ nicht in Erscheinung, da die Humusstoffe allochthon, seefremd, sind
und ihre Zersetzung im wesentlichen nichtbiologischer Natur ist."[330]

Noch ein weit bedeutenderes Merkmal der Unterscheidung in eutroph und oligotroph aber geriet ins Wanken: die Sauerstoffkurven, anhand deren THIENEMANN eutrophe und oligotrophe Seen der gemäßigten Zonen geschieden hatte. Denn zwischen den Sauerstoffkurven tiefer tropischer Seen und tiefer Seen der gemäßigten Zo-

---

328) THIENEMANN 1932,215
329) THIENEMANN 1932,230
330) THIENEMANN 1932,214f

nen war ein Unterschied, der die Frage aufwarf, ob "die tiefen Seen der Tropen vom Typus etwa der von uns untersuchten großen sumatranischen Seen als 'eutroph' oder als 'oligotroph' zu bezeichnen" seien[331].

Die Schwierigkeit der Interpretation der Sauerstoffkurven erwuchs daraus, daß sich die Sauerstoffkurven der tropischen Seen und die des eutrophen Seetypus, wie man ihn bei den temperierten Seen in den gemäßigten Zonen findet, gleichen, ohne daß dem die Sedimentverteilung entspricht. Dies ist bei den tropischen Seen ein Resultat der durch die erhöhte Temperatur nach der RGT-Regel induzierter höherer Stoffwechselaktivität. Aufgrund der Sauerstoffkurven kam THIENEMANN zum Resultat, daß ein See von der Tiefe und Größe des Tobameers in temperierten Breiten typisch oligotroph wäre, "denn die Wassermasse der trophogenen Schicht ist um ein Vielfaches kleiner als die der tropholytischen Schicht. Der Grund dafür, daß in den Tropen auch ein so tiefer, großer See 'eutroph' sein kann, liegt in den Temperaturverhältnissen"[332].

"Der extrem-eutrophe Binnensee ist an Wärme und nährstoffreiches Gelände, das durch regelmäßige starke Niederschläge erschlossen wird, gebunden, d.h. also an feuchte Tropengebiete. Echt oligotrophe Seen sind unter wirklich tropischen Verhältnissen wahrscheinlich nicht vorhanden."[333]

Demgegenüber ging der Lunzer Limnologe Franz RUTTNER davon aus, daß bestimmte tropische Seen aufgrund der Nährstoffarmut des Epilimnions durchaus als oligotroph zu kennzeichnen seien[334], da er im Unterschied zu THIENEMANN nicht der Produktionsstärke, die THIENEMANN zur Charakterisierung als eutrophen See führte[335], den Vorzug gab.

Die Ergebnisse der Sundaexpedition erbrachten also eine theoretische Schwierigkeit. Wir hatten schon erwähnt, daß die Aufstellung der Seetypen nach dem Trophiegrad eine Definition des Inhalts dessen verlangt, was unter Trophie zu verstehen ist. Die Frage, die THIENEMANN mit seiner Typisierung im Grunde beantwortet hatte, stellte sich erneut: Was macht den Inhalt der *limnologischen* Einheit See aus? Die Frage ist nun, weshalb eine kritische Reflexion des Seetypenbegriffs notwendig geworden war?

Dazu kommt, daß auch die für die Verhältnisse in temperierten Seen feste Zuordnung von bestimmten Faktoren und Typen ins Wanken geriet. So hatte beispielsweise

---

331) THIENEMANN 1932,216
332) THIENEMANN 1930,11
333) THIENEMANN 1932,214
334) RUTTNER 1931b
335) THIENEMANN 1932,230

der österreichische Limnologe Ingo FINDENEGG durch Studien an den Kärntner Seen, im Salzkammergut und in der Ostschweiz herausgefunden, daß - durch klimatische und geographische Verhältnisse bedingt - bei bestimmten Seen der Wasserkörper keine Vollzirkulation durchmacht, also in diesen Seen ein Tiefenbereich mit Dauerstagnation, das Monimolimnion, vorliegt, darüber eine Schicht, die regelmäßig oder nur teilweise durchmischt wird. D.h. der Zirkulationsrhythmus stellte sich als variabel und klimatisch bedingt heraus. HUTCHINSON und LÖFFLER[336] haben daher zwischen vorwiegend in mittleren geographischen Breiten und Höhenlagen vorkommenden dimiktisch von kalt-monomiktischen und beständig von Eis bedeckten amiktischen Seen der höheren Breiten unterschieden. In niederen Breiten herrschen die warm-monomiktischen, in den Tropen die oligomiktischen Seen mit verschieden hoher Dauerschichtung, in großen Höhenlagen die polymiktischen. FINDENEGG[337] stellte den holomiktischen die meromiktischen gegenüber. Damit war die Sauerstoffkurve als Einteilungskriterium, als Indikator in seiner Bedeutung relativiert worden.

Damit aber, daß "die Form der Sauerstoffkurve selbst kein eindeutiger Indikator für den Trophiegrad"[338] sein konnte, mußte ein zuverlässigerer Indikator gefunden werden. THIENEMANNs Mitarbeiter Waldemar OHLE[339] benützte in der Folge die hypolimnische Kohlendioxidanreicherung als Indikator für den Trophiegrad, ebenso wie für die "Relative epilimnische Produktionsdichte" bzw. für die Assimilationsdichte A, um daraus den entsprechenden Glucosewert zu bestimmen. Doch galt auch dies nicht ohne Einschränkung, denn

"die autotrophe organische Produktion eines Sees ist zwar ein wichtiger Lieferant von abbaufähigen Stoffen für das Hypolimnion, aber nicht der einzige und im dystrophen oder mit Abwässer belasteten bzw. überwiegend allotrophen See nicht einmal in jedem Fall der wichtigste".[340]

Die von OHLE vorgeschlagenen Indikatoren Sauerstoffzehrung und Kohlendioxidakkumulation[341] erwiesen sich als nicht verläßlich, da andere Faktoren wie beispielsweise unterschiedliche Stagnationsdauer, Allotrophie etc. sich modifizierend bemerkbar machen konnten[342].

Auch mit NAUMANNs Kriterium der Lage des N+P-Spektrums konnten bei Erweiterung der Seetypenlehre auf die ganze Erde Eutrophie oder Oligotrophie eines

---

336) HUTCHINSON/LÖFFLER 1956
337) FINDENEGG 1933,1937,1943
338) ELSTER 1956,533
339) OHLE 1953
340) ELSTER 1962,52
341) OHLE 1952
342) ELSTER 1956,534; ELSTER 1958

Sees nicht mehr eindeutig festgelegt werden[343]. Der hohe Komplexitätsgrad der verschiedenen Beziehungen zwischen Produktionsintensität und den verschiedenen Nährstoffspektren machte es unmöglich, daß die Produktivität eines Sees durch einzelne chemische Konzentrationsskalen festgelegt und typisiert werden konnte.

Damit war die Diskussion um den Produktionsbegriff und die Produktionsbiologie eröffnet. Denn wenn der Begriff der Produktion eines Sees sich durch keinen physikalisch-chemischen Faktor ausreichend definieren ließ, so mußte produktionsbiologisch definiert werden.

" ... vielmehr muß die Gesamtproduktion des Sees in Betracht gezogen werden, wobei unter 'Produktion eines Sees an organischer Substanz innerhalb einer gegebenen Zeit' die 'Gesamtmenge der während dieser Zeit innerhalb des Sees gebildeten Organismen und ihrer Exkrete' verstanden wird."[344]

Das Problem der Seetypenlehre war also solange nicht geklärt, solange Unsicherheit über die Definition des Trophiegrads, der Produktion überhaupt bestand. Dabei waren die meßtechnischen Probleme zunächst zweitrangig. Denn was als meßtechnisches Problem der Indikatoren erschien, war zugleich ein Definitionsproblem der zu messenden Sache selbst.

"Es ist also nötig, aus dem komplexen Begriff der Trophie eine einzige, in der Natur quantitativ abgestufte und für uns direkt oder indirekt meßbare Eigenschaft auszuwählen und diese nicht nur als Indikator, sondern als definierten Inhalt des Begriffes festzulegen."[345]

Damit begann die Diskussion um die Bestimmung dessen, was überhaupt den Gegenstand der limnologischen Auffassung von den Seen als Einheit ausmachte, was also die Substanz, der Inhalt der limnologischen Einheit See war. Denn insofern die Lebenseinheit See durch das Ganze der innerhalb der Seen wirksamen Faktoren gekennzeichnet war, also durch ein Verhältnis, in dem die einzelnen Bestandteile durch dieses Ganze reguliert wurden, war es notwendigerweise schwierig, innerhalb dieses vielfältigen mannigfaltigen Geschehens eine Größe zu finden, die gleichsam alle Beziehungen zur Darstellung brachte. Den See als Einheit zu begreifen, forderte aber mehr als bloß zu behaupten, daß alle in einem See auffindbaren oder meßbaren Größen eben in einem See vorkämen. Dem Ganzen eines Sees kommt eine eigene Substanz zu, die es zu bestimmen galt.

---

343) THIENEMANN 1932,230
344) THIENEMANN 1932,230
345) ELSTER 1958,107

Die Einführung der Produktionsbiologie rückt damit den Gesichtspunkt ins Zentrum der Diskussion, Seen als sich selbst reproduzierende organismenähnliche Einheiten, als Stoffhaushalt, zu betrachten. Lebewelt und Umwelt in den Seen waren zum einen als Nahrungsgrundlage für das biologische Leben, als Trophie, wie andererseits als Resultat der Ernährung, als Produktion zu betrachten. Diese Einheit bildet den Stoffhaushalt der Seen, der Produktion und Reproduktion gleichermaßen erfaßt.

8. Produktionsbiologie

Der theoretische Stellenwert der Produktionsbiologie ergibt sich aus dem Problem der Seetypenlehre, im Trophiegrad ein verläßliches Kriterium für die Produktivität[346] zu finden. In der Produktionsbiologie der Gewässer mußte nun der "abstrakte Begriff" des Seetypus durch "die gleiche Art des Stoffkreislaufs" zu kennzeichnen sein[347].

Der Begriff Produktion bezeichnet sowohl den Vorgang wie auch das Resultat dieses Vorgangs[348]. In bezug auf das menschliche Wirtschaften beinhaltet Produktion "Erzeugung der benötigten Güter durch die wirtschaftlich Tätigen"[349]. Bei ihr also sind Vorgang und Resultat sichtbar getrennt. Landwirtschaftliche Produktion hat nicht nur die menschliche Arbeit, sondern auch die Fruchtbarkeit des Bodens, die Bewässerungsverhältnisse, klimatische Verhältnisse u.a.m. zur Voraussetzung. Landwirtschaftlich bezeichnet Produktion "die Höchstentnahme, mit der alljährlich - gleiche Bedingungen vorausgesetzt - gerechnet werden kann"[350]. Landwirtschaftlich bezeichnet Produktion keine Tätigkeit, sondern definiert sich über die konsumierbare Menge, die die Natur hervorgebracht hat[351].

Biologisch bezeichnet Produktion den Vorgang der Entwicklung organischen Materials (Biomasse), wobei hier zwischen Vorgang und Resultat, zwischen Konsumtion und Produktion nicht mehr unterschieden werden kann. Die zu verschiedenen Zeitpunkten gemessene Biomasse selbst ist nach DEMOLL[352] kein Maßstab der Produktion, da aus dem Vergleich der Biomassen zu verschiedenen Zeitpunkten sich nur der Stoff*umsatz* bestimmen läßt, nicht aber die Produktion, i.e. die Größe der neugebildeten Substanz. Zwischen Produktion und Biomasse besteht kein festes Verhältnis[353].

THIENEMANN definierte Produktion an organischer Substanz innerhalb einer gegebenen Zeit als "die Gesamtmenge der während der Zeiteinheit innerhalb des Biotops gebildeten Organismen und ihrer Exkrete"[354]. Dieser Produktionsbegriff beinhaltet zum einen die gebildete Menge und die konsumierte und ausgeschiedene Menge an organischem Material. Der Produktionsbegriff THIENEMANNs setzt die organische Produktion mit den im Stoffkreislauf befindlichen Substanzen identisch. Da nun "der

---

346) ELSTER 1956,533
347) THIENEMANN 1932a
348) THIENEMANN 1941,95
349) THIENEMANN 1941,95
350) THIENEMANN 1941,95/96
351) THIENEMANN 1941,97; DEMOLL 1927,460
352) DEMOLL 1927,461
353) DEMOLL 1927,461
354) THIENEMANN 1932,230/1941,98

abgestorbene und wieder zersetzte Organismus z.T. wieder in der nächstfolgenden Generation, die aus den von den vergangenen Organismen wieder freigegebenen Stoffen ihre Körper aufs neue aufbaut"[355], erscheint, war es schwierig, den Stoffumsatz zu bestimmen. Denn die meisten Ausscheidungsprodukte bildeten wiederum die Nahrungsgrundlage für andere Lebewesen.

Das, was in der ökonomischen Definition als Produktionsresultat, als Ernte dem System entnommen wird, verbleibt in der biologischen Definition Bestandteil des Systems, d.h. es gibt keinen "Endpunkt" der Produktion. Die Lebensprozesse in einem vitalen System haben kein Ende und keine Produktionspausen. Zum einen geht alles Lebende, selbst die Endproduzenten, die Fische, wieder in den Stoffkreislauf ein. Trophie und Produktion an organischem Material sind also identisch. Zum anderen aber sind Abscheidungsprodukte eines Biotops Produkte des Lebens, die nicht identisch mit Produktion an lebendem Material sind, da sie nur Grundlage der Produktion, nicht aber diese selbst sind. Das, was auf der einen Seite als Exkret oder bakterielles Zerfallsprodukt existiert, ist auf der anderen Seite Nahrungsgrundlage für alle die Organismen, die in der Lage sind, diese "Abfallprodukte" als Nahrungsquelle zu verwenden.

Da der Fraß, d.h. die Produktion von Fischen mit der Konsumtion beispielsweise von Krebstierchen, der bakterielle Abbau eines Fischkadavers mit der Produktion von Mikroorganismen, da also produktive Vorgänge mit dem Abbau von organischem Material identisch sind, läßt sich die Produktion nicht allein durch die Biomasse, die zu verschiedenen Zeitpunkten gemessen wurde, bestimmen. Denn mit der Anzahl der aufeinanderfolgenden Generationen, der Intensität des Stoffwechsels und des Umsatzes, der Menge der Exkrete und abgestorbene Mechanismen mag die Produktion steigen, aber da der Aufbau der organischen Bestandteile zugleich den Abbau anderer organischer Bestandteile notwendig einschließt, ist der Umsatz an biologischem Material nicht bestimmbar.

Zudem war auch die Einteilung in Vegetationsperioden nicht allgemein zu handhaben. Denn um die Produktion der Gesamtheit der Lebewesen zu bestimmen, müßte die Vegetationsperiode *einer* Art zum Maßstab genommen werden, so daß die Frage auftauchte, wie die Produktion polyzyklischer Organismen einzuberechnen ist, so daß selbst die Terminierung von Beginn und Ende eines Kreislaufes auf ein Jahr "für polyzyklische Organismen auch in unseren Breiten etwas Willkürliches"[356] an sich hat.

---

355) THIENEMANN 1956,98
356) THIENEMANN 1956,97

Definierte man die Produktion nun durch die Primärproduktion, so erfaßte man wiederum nur einen Teil des Stoffumsatzes, nicht aber die Gesamtintensität.

"Die späteren Inkarnationen kann man zwar für sich bestimmen, doch sagt ein Wert, den man über die Urproduktion gewonnen hat nichts über die Größe dieser "Endproduktion" aus. Das liegt daran, daß man das mit der Urproduktion bestimmte Quantitative in *einem* Begriff koppeln will mit etwas Dynamischem, der Intensität des Stoffumsatzes. Das geht *begrifflich*, läßt sich aber nie *zahlenmäßig* fassen! Hierzu noch eine allgemeine Bemerkung: Nur wer noch ganz im dogmatischen Mechanismus steckt, kann erwarten, daß ein natürliches Geschehen, in das Lebendiges eingeht, restlos nach Maß und Gewicht bestimmbar sein soll!"[357]

Nimmt man die Primärproduktion als Maß der Gesamtproduktion, so vernachlässigt man, wie und in welchem Maß die Primärprodukte zum Aufbau der Sekundärproduzenten dienten. Insofern die Primärprodukte Ernährungsgrundlage der Sekundärproduzenten sind, ist die Primärproduktion Bestandteil der Gesamtproduktion, Faktor des gesamten Stoffumsatzes. Nähme man nur die Sekundärproduktion, vernachlässigte man die Primärproduktion. Nähme man alle Bestandteile (also Produzenten, Konsumenten, Reduzenten und die im Wasser gelösten organischen Stoffe) zusammen, um den Gesamtstoffwechsel zu bestimmen, so rechnete man der Produktion zugleich die Konsumtion durch Konsumenten zu, wie auch die Zerfäulnisprozesse schon in die Produktion eingegangener Algen, toter Fische etc.. THIENEMANNs Definition würde es erlauben, ein- und dieselbe organische Substanz mehrfach in die Produktion mit einzuberechnen. Nach ELSTER[358] ergäbe sich somit als Gesamtproduktion die Summe der einzelnen Produktionsleistungen, d.h. die Summe aus organischer Urproduktion, den Folgeproduktionen, die Exkrete und die Sedimentation, d.h. man würde die Summe aus Nährsalz, Pflanze, Kleintier, Großtier[359] berechnen.

Der Produktionsbegriff umfaßte nicht nur die Produktion der Lebewelt, sondern diese nur als ein Segment des gesamten biogenen Stoffhaushalts. Zugleich jedoch sollte damit die spezifische Lebewelt erfaßt werden. Es läßt sich keine quantitative Meßstelle angeben. Einen See als hochproduktiv oder geringproduktiv zu bezeichnen, entzog sich insofern einer eindeutigen quantitativen Identifikation.

Die Schwierigkeiten, die THIENEMANN bei der Definition des biologischen Produktionsbegriffes begegneten, lassen sich begrifflich wie folgt kennzeichnen: Mit dem Begriff Produktion sollte die gesamte Lebenstätigkeit innerhalb eines Biotops, also in unserem Falle eines Sees, in Bezug auf das Kreislaufgeschehen durch eine Größe er-

---
357) THIENEMANN 1955,57 ff.
358) ELSTER 1958
359) LUNDBECK 1932

faßt werden. Trophie im Sinne der Nährstoffmenge und Produktionsintensität bilden aber kein festes Verhältnis[360]. Da nun zum einen die Intensität des Stoffumsatzes keine fixe Größe, sondern ein beständig sich veränderndes Verhältnis der biozönotisch miteinander verbundenen Organismen ist, da zum zweiten die Primärproduktion keine gesicherten Aussagen über die Sekundärproduktion erlaubt, da also Produktion und Konsumtion kein lineares Verhältnis bilden, zudem zwischen Produzenten und Konsumenten Wechselwirkungen vorherrschen, ließ sich, so THIENEMANN, Produktion zwar begrifflich, aber nicht zahlenmäßig erfassen.

8.1. Produktion und Trophiegrad

Damit wurde der Zusammenhang von Trophie und Produktion nun selbst fragwürdig. So war zwar mit den Termini Trophie und Produktion ein verwandter Inhalt bezeichnet, denn die Seetypen waren im Hinblick auf biozönotische und Stoffkreisläufe gefaßt. Obgleich der Gehalt an Nährstoffen auf die organische Produktion unmittelbar einwirkt, nehmen auch andere Faktoren, wie Temperatur usw. ebenfalls regulatorische Funktion ein und bewirken somit einen unterschiedlichen Umsatz der Nährstoffe. Da der Zusammenhang von Nährstoffgehalt und Lebewelt nicht linear ist, schlug FINDENEGG[361] vor, die beiden Kategorien Trophie und Produktion streng zu unterscheiden und unter Trophie nur die Bestandteile des Sees zu verstehen, die die stoffliche Grundlage der Ernährung der Lebewelt bilden. Dementsprechend mußte der Trophiegrad neu bestimmt werden.

"Die Definition des Trophiegrades hätte sich dem anzupassen. Aberg und Rodhe[362] definieren: 'Die Trophie eines Sees bezeichnet die Intensität und Art seiner Versorgung mit organischer Substanz.'"[363]

Die von ABERG und RODHE vorgeschlagene Lösung des Problems verdeutlicht hier also einmal mehr die Problemstellung, ohne selbst eine endgültige Lösung darzustellen: Denn wenn die Versorgung mit organischer Substanz die Trophie festlegte, dann war die daraus resultierende Produktivität nicht festgelegt und zum zweiten unberücksicht gelassen, daß die organische Substanz Resultat der Produktion, d.h. hier der Lebenstätigkeit der Organismen ist.

"Es ist also nötig, aus dem komplexen Begriff der Trophie eine einzige in der Natur quantitativ abgestufte und für uns direkt oder indirekt meßbare

---

360) ELSTER 1958,107
361) FINDENEGG 1955
362) ABERG/RODHE 1942
363) ELSTER 1956,535

Eigenschaft auszuwählen und diese nicht nur als Indikator, sondern als definierten Inhalt des Begriffs festzulegen."[364]

Es war also notwendig, eine Meßstelle aus dem Gesamtkreislauf herauszugreifen, die die Produktion und zugleich die Ernährungsverhältnisse widerspiegelte.

"Wie an anderer Stelle[365] näher ausgeführt wurde, scheint der geeignetste Meß- und Bezugspunkt die Urproduktion organischer Substanz, bezogen auf das Primärprodukt die Ur-Assimilation bzw. die Glucose, zu sein." ... Die Methoden zur Messung des Glucosegehalts ist technisch noch nicht allgemein machbar, aber es "wäre die Beziehung des Trophiegrades auf den Glucosewert doch wenigstens theoretisch einwandfrei."

Mit Einführung der C^{14} Methode durch STEEMANN NIELSEN[366] wurde der Glucosegehalt als Maß allgemein anerkannt. Er galt als Maß für den Zufluß an organischem Material vor der ersten Verbrauchsstelle, d.i. die Produktion organischer Substanz je Flächen- und Zeiteinheit. Damit war wiederum nur eine Stellgröße, die zwar zweifelsfrei bedeutsam ist, gemessen, die aber das Kreislaufgeschehen, die verwickelten Nahrungsbeziehungen nur eindimensional wiederzugeben in der Lage ist.

"Diese Beschränkung des Trophiebegriffs ist ein schmerzlicher Verzicht, aber wir werden nie aus den definitorischen und praktischen Schwierigkeiten herauskommen, wenn wir dieses Opfer nicht bringen."[367]

Dieses Opfer jedoch ist notwendig. Denn alle im Rahmen dieser Arbeit angedeuteten Versuche, eine Kenngröße der Produktion zu finden, sind vom Gesichtspunkt der Ganzheit gleichbedeutend damit, eine Stelle im Kreislauf der Natur *festzulegen*, mit deren Hilfe einigermaßen zuverlässige Aussagen über das Gesamtgeschehen möglich waren. Gerade weil prinzipiell alle Faktoren zu berücksichtigen sind, konnte sich die Seetypenlehre, mithin auch die ökologische Limnologie, nicht allein auf die Eruierung einer adäquaten Kenngröße beschränken, aber sie mußte, um überhaupt einen Vergleich der Seen zu ermöglichen, eine Größe festlegen.

---

364) ELSTER 1958,107
365) ELSTER 1954
366) STEEMANN-NIELSEN 1952
367) ELSTER 1958,110

8.2. Stoffwechsel- und Energiehaushalt - Abschließendes zum Produktionsbegriff

LUNDBECK[368] hatte an THIENEMANNs Produktionsbegriff kritisiert, daß in diesem Gesamtproduktion weder wirklich vorhanden noch feststellbar war. LUNDBECK zufolge bezeichnet Produktion einen Vorgang, mit dem Reproduktion bzw. Reinkarnation, Stärke und Geschwindigkeit und Art der Verwandlung der Substanzen bezeichnet werden. Er setzte an die Stelle des Begriffs "Produktion" den Begriff "Stoffwechselbilanz", in den auch der Energieverbrauch (z.B. als Erhaltungsverbrauch der Organismen) mit eingeht. Sie zielte darauf ab, den nicht meßbaren Gehalt der Produktion doch meßbar zu machen.

Die Schwierigkeiten der Produktionsbestimmung hatten auch zur Folge, daß Waldemar OHLE 1956[369] den THIENEMANNschen Produktivitätsbegriff[370] zugunsten des Begriffs Bioaktivität gänzlich umformulierte.

"Die Spezifische Bioaktivität eines Biosystems ist die Intensität der Umwandlung kinetischer Energie in potentielle und der Rückbildung potentieller Energie in kinetische je Zeit- und Volumen- oder Oberflächeneinheit." [371]

Dieser Versuch OHLEs, die Spezifische Bioaktivität als Energieumwandlung einzuführen, ist für den Versuch kennzeichnend, eine einzige Kenn- oder Bestimmungsgröße zu finden, in der alle in einem See befindlichen Lebewesen und organischen wie anorganischen Substanzen aufgehoben sind, und deren Gemeinsamkeit sich in einer physikalischen Größe festhalten läßt. Es ist daher die innere Konsequenz des Ausgangspunktes der Seentypenproblematik, das Gemeinsame in der komplexen Vielfalt der Natur festzuhalten, zu immer weiteren Abstraktionsniveaus zu gelangen.

THIENEMANNs Produktionsbestimmung, die hier am Anfang stand, machte dies gerade darin deutlich, als er auf die allumfassende Bestimmung nicht verzichten wollte, zum anderen aber eine vermittelbare Vergleichsgröße angeben mußte für ein Phänomen, das sich in seiner spezifischen Eigenart der Quantifizierung entzieht. In diesem Beharren auf Nichtquantifizierbarkeit reflektiert sich die "organizistische" Ansicht insofern, als THIENEMANN keinem einzelnen meßbaren Faktor die Eigenschaft zumaß, Ausdruck der Gesamteinheit zu sein. Diese Qualität macht nach THIENEMANN die eigenständige Lebenseinheit See, eine von Gewässer zu Gewässer verschiedene Individualität, die sich selbst entwickelt und erzeugt, aus. Diese Ansicht wurde durch die Einführung des funktionalisierten Ökosystemkonzepts, das die Einheit eines Ökosystems in das Verhältnis der Systemelemente verlagert, weitergeführt.

---

368) LUNDBECK 1932
369) OHLE 1956
370) OHLE 1955
371) OHLE 1958,199

9. Der Ökosystembegriff

Die moderne Limnologie und Ökologie[372] stellt sich mittlerweile als homogenes Wissenschaftsgebiet dar, in dem der trophische Gesichtspunkt und die Produktionsbiologie zu einer einheitlichen funktionellen Ökosystemforschung zusammengewachsen sind. Die Betrachtung des Sees als Stoffhaushalt ist dabei "das zentrale Anliegen limnologischer Forschung geblieben"[373]. Für den Fortgang von der holistischen Konzeption THIENEMANNs zur modernen Ökosystemforschung ist die Einführung des Ökosystembegriffs durch TANSLEY und als Folge davon das trophisch-energetische Konzept LINDEMANs wesentlich.

Mit der funktionalistischen Systemauffassung tritt das Drei-Stufen-Modell THIENEMANNs in den Hintergrund. Der Begriff des Ökosystems ist zwar der Sache nach bereits in BERTALANFFYs "Theoretischer Biologie"[374] wie in WOLTERECKs Nahrungs/Zehrungssystemen[375] enthalten, aber bei diesen ersten Entwürfen hat der funktionalistisch-(öko-)systemtheoretische Gesichtspunkt noch nicht den systematisch-theoretischen Stellenwert der modernen Auffassung.

Die Entwicklung von THIENEMANNs "klassischer" Ökologie zur Ökosystemforschung wurde vor allem durch englischsprachige Autoren bestimmt. Bis zu diesem Zeitpunkt war die Entwicklung der amerikanischen und britischen Limnologie mehr oder weniger getrennt von der des europäischen Festlandes verlaufen. THIENEMANN selbst schenkte vor allem der schwedischen und der österreichischen Limnologie Aufmerksamkeit, während die englischsprachige Literatur, ausgenommen die Arbeiten von JUDAY und BIRGE, kaum Eingang in THIENEMANNs Werk fand.

Das mit TANSLEY in der Ökologie einsetzende Systemdenken ist dabei für die englischsprachige, speziell die amerikanische Wissenschaft in bestimmten Bereichen überhaupt charakteristisch. Es seien in diesem Zusammenhang in der Soziologie Talcott PARSONS und Robert MERTON genannt, die aus der europäischen Soziologie die systemtheoretische Soziologie entwickelten. In der Philosophie gewann der funktionalistische Aspekt durch einen an der Nützlichkeit der Erkenntnis orientierten Wahrheitsbegriff des amerikanischen Pragmatismus Raum. Ebenso trägt SKINNERs behavioristische Theorie sich als die Handhabbarkeit menschlichen Verhaltens befördernde Wissenschaftsrichtung vor. In der Ökologie nun wurde die systemtheoretische Betrachtung vor allem durch die Amerikaner LINDEMAN, HUTCHINSON und ODUM gefördert.

---

372) ELLENBERG 1973, ODUM 1980, SCHWOERBEL 1984, STUGREN 1978
373) SCHWOERBEL 1984
374) BERTALANFFY 1932
375) WOLTERECK 1923

9.1. Die Konzeption des Ökosystems bei A.G. TANSLEY

TANSLEYs Kritik an der "organizistischen" Auffassung hatte sich an den Kategorien Sukzession, Entwicklung und komplexer Mechanismus der Holisten PHILLIPS und CLEMENT entzündet, wobei TANSLEY - analog übrigens zu Max HARTMANNs Kritik an THIENEMANN - die holistische Anschauung sehr rigoros als "ein geschlossenes System religiöser und philosophischer Dogmen"[376] charakterisierte.

CLEMENT und PHILLIPS hatten - in Anlehnung an den Holismus SMUTS'- in der Pflanzensoziologie und Vegetationsforschung die sog. organizistische oder Superorganismus-Konzeption entworfen. Die als Organismus gedachte Ganzheit fungierte nach PHILLIPS als "operativer Faktor"[377]. Dabei führte PHILLIPS die Analogisierung von Landschaft und Organismus zur sog. Monoklimaxtheorie, die, im wesentlichen den Sukzessionsvorgang analog dem organismischen Leben nachzeichnend, dazu kam, jeder Landschaft ebenfalls ein dem natürlichen Tod der Organismen vergleichbares, unwiederbringliches Ende als Entwicklungsendpunkt zuzusprechen und zu behaupten, daß Veränderungen von Landschaften nur über katastrophischen Niedergang zu erklären seien.

TANSLEY wandte sich gegen zwei Vorstellungen: Zum einen gegen die Vorstellung, daß katastrophische Änderungen, die durch externe Faktoren hervorgerufen werden, die Sukzession bestimmten, zum andern gegen die Vorstellung COOPERs, daß die Veränderungen innerhalb der Vegetation sich übergangslos wie ein "braided stream" vollziehen. Zwar seien Sukzessionen kontinuierlich und nicht katastrophisch, aber es ließen sich dennoch unterscheidbare Phasen erkennen, die einer Untersuchung zugänglich sind. TANSLEY setzte die Unterscheidung in autogene und allogene Sukzession dagegen. In ersterer wurden Veränderungen durch die Tätigkeit der Pflanzen ("action of the plants") des Habitats, in letzterer Veränderungen durch exogene Wirkfaktoren hervorgerufen, wobei beide Faktoren in allen Sukzessionen gleichermaßen gegenwärtig sind. Katastrophische Veränderungen schafften Raum ("clear the field") *für* eine neue Sukzession, seien aber nie Bestandteil der Sukzession selbst.

Die beim Sukzessionserklärungsversuch von PHILLIPS zugrunde gelegte Auffassung des Naturzusammenhangs, die TANSLEY abwechselnd mit "holistisch" oder "organizistisch" etikettiert, stellt das Herzstück seiner Kritik dar.

TANSLEY wandte gegen den Begriff "biotic community" - mit diesem Terminus bezeichnete TANSLEY gleichermaßen die Biome (biomes) bei CLEMENT, die Biozönose bei THIENEMANN und den "complex organism" von PHILLIPS - in erster

---

376) TANSLEY 1935,285
377) PHILIPS 1934/35

Linie zweierlei ein: Die Kategorie *Community* unterstelle Ähnlichkeiten der Mitglieder der Gemeinschaft, die den biologischen Beschaffenheiten nicht entsprächen, und verwische damit gerade die biologisch relevanten Unterschiede zwischen Pflanzen, Tieren, Pilzen usw.. TANSLEY argumentierte im folgenden damit, daß der holistische Aspekt der Feldarbeit daher nicht gerecht werden könne. So würden in der forscherischen Praxis der Tierökologen Tiere zu Tiergemeinschaften auf *empirischer* Basis zusammengefaßt, zudem müsse man berücksichtigen, daß die Habitate je nach Zusammensetzung unterschiedliche räumliche Ausdehnungen aufwiesen. Die Lebensgemeinschaften der Tiere könnten zudem, je nach Untersuchungsabsicht als externe Faktoren oder als Gemeinschaft selbst in der Untersuchung eine Rolle spielen. TANSLEY kam also zum Resultat:

" ... I cannot accept the concept of the *biotic* community. This refusal is however far from meaning that I do not realise that various 'biomes', the whole webs of life adjusted to particular complexes of environmental factors, are real 'wholes', often highly integrated wholes, which are the living nuclei of systems in the sense of the physicist. Only I do not think they are properly described as 'organisms' (except in the 'organicist' sense) I prefer to regard them, together with the whole of the effective physical factors involved, simply as 'systems'". [378]

Man kann aus dem bisher Referierten erkennen, daß CLEMENTs und PHILLIPS` Auffassung des Holismus den vitalistischen Konstruktionen DRIESCHs oder MEYERs näher stehen als der Konzeption THIENEMANNs und FRIEDERICHS', der CLEMENTs Auffassung streng zurückwies[379].

Unterschiede in den Auffassungen von TANSLEY und THIENEMANN sind unverkennbar. Wenn TANSLEY die Biozönosen als "the living nuclei of systems in the sense of physicist" bezeichnet, dann kommt das einer Kritik des "überorganischen Faktors" bzw. des Holozöns insofern gleich, als TANSLEY neben den sich gegenseitig bedingenden Systembestandteilen keine Eigenständigkeit eines Faktors, der über den Zusammenhang von Lebewelt und Umwelt hinausgeht, zuläßt. Die biozönotischen Grundprinzipien THIENEMANNs bleiben von der funktionalistischen Kritik unberührt.

TANSLEY stellt, ebenfalls im Unterschied zu THIENEMANN, das Lebendige "in the sense of physicist" auf eine Stufe mit den Abstraktionen der Physik, wie Masse, Temperatur, etc. - alles gilt gleichermaßen als Element des Ökosystems. Diese Gleichsetzung physikalischer Größen mit den Bestandteilen der Lebewelt besteht aber ausschließlich in methodischer Hinsicht. TANSLEYs Korrektur, die unter dem Stichwort

---

378) TANSLEY 1935,297
379) FRIEDERICHS 1957

"Physikalisierung" in die ökologische Literatur Eingang gefunden hat, ist somit rein wissenschafts*methodischer* Natur. Mit der "Physikalisierung" wandte er sich zugleich gegen die Behauptung der Nichtvorhersagbarkeit dessen, was aus der Zusammenführung verschiedener Organismen entsteht. Zwar hatte auch THIENEMANN die Zusammensetzung einer Biozönose nicht für ein zufälliges Ereignis gehalten, wenn man vom Zufall als Faktor der Erstbesiedlung einmal absieht. TANSLEYs Auffassung aber ist radikaler: Alle Lebewesen werden gleichermaßen wie die physikalischen und chemischen Größen als Systembestandteile gedacht, das Verhältnis zueinander ist darin *qualitativ* bestimmt. Die Eigenart aller in Betracht gezogenen Gegenstände der Natur - seien es Organismen, seien es Landschaften - besteht also, vom systemtheoretischen Standpunkt aus betrachtet, vorrangig darin, Bestandteil eines sich selbst erhaltenden Systems zu sein. Mit dieser Festlegung wird für die Ökosystemforschung der quantitative Zusammenhang in weit höherem Maße ausschlaggebend, als er es bei THIENEMANNs klassischer Ökologie je sein konnte. Denn in dieser wurde zwar auch eine Fülle von quantitativem Material zusammengetragen, aber aus den quantitativen Verhältnissen wurde nie unmittelbar der Zusammenhang in der Natur ablesbar. Naturzusammenhänge sind in der klassischen Ökologie nie durch berechenbare Größen schon begriffen, sondern diese sind *Voraussetzung* dazu, erstere zu *verstehen*. Diese Hermeneutik der Natur ersetzt TANSLEY durch eine naturwissenschaftliche Verfahrenstechnik, die nur noch das gelten läßt, was sich - positivistisch - beobachten und messen läßt. In seiner Konzeption muß sich der Naturzusammenhang als quantitatives Verhältnis bestimmen lassen.

Daraus ergibt sich für TANSLEY ein Weiteres: Wenn die Naturzusammenhänge - dem Bilde der Physik nachgebildet - sich als Verhältnis abstrakter Größen beschreiben lassen, dann wird das *Experiment*, also das in der Physik und Chemie gebräuchliche Verfahren, durch das unter Konstanthaltung bestimmter Einflußgrößen das Verhältnis der gesuchten Größen untersucht wird, um damit ihren qualitativen Zusammenhang zu ermitteln, auch in der Ökologie das Mittel der Wahl.

Damit ist wiederum gegeben: Wenn sich ökologische Naturzusammenhänge wie die Größen in einer Versuchsanordnung einer physikalischen Untersuchung behandeln und ermitteln lassen, dann ist ihre Voraussagbarkeit auf quantitativer Grundlage gegeben und damit die Möglichkeit, Naturzusammenhänge - also Seen, Wälder etc.- so zu konstruieren, wie dies in technologischen Verfahren geschieht. TANSLEY scheint dabei durchaus dieses technologische Leitmotiv im Auge gehabt zu haben, wenn er die Voraussagbarkeit natürlicher Vorgänge mit dem Beispiel bebildert, daß auch der Ingenieur, der eine Maschine entwirft, ihre Funktionsweise und Einsatzmöglichkeit kennt. Damit aber erscheint in der Tat die holistische Grundidee, daß das Naturganze eine von den einzelnen Bestandteilen getrennte Qualität sei, als metaphysische Konstruktion.

Daher wendet sich TANSLEY auch gegen die holistische These, daß das Ganze der Natur mehr als die Summe ihrer Teile sei. Denn da TANSLEY davon ausgeht, daß die Natur in den empirisch erfaßbaren Zusammenhängen ihre einzige Wirklichkeit hat, daß also die Natur nur in ihren assoziierten Individuen besteht, erscheint ihm obiger Grundsatz, der als Motto für die holistische Ganzheit steht, als logische Taschenspielerei. Mit anderen Worten: Weil die Summe aller Erscheinungen, ihr zusammenhangloses Neben- und Außeneinander, für ihn eine leere Abstraktion ("Such a sum is quite unreal...") ist, gilt ihm die daraus erschlossene Ganzheit als eigene und selbständige Qualität selbst als Fiktion. Der Gegensatz zur "organizistischen" Ökologie hat hier ihren Kern: Die Ganzheit ist für TANSLEY kein von den Aktivitäten der einzelnen Individuen getrenntes Substrat. TANSLEY bestreitet die Existenz von Gemeinschaften nicht, denn er bejaht die Frage: "Is the community then the 'cause' of its own activities?"[380] Aber er fügt einschränkend hinzu: "But it is important to remember that these activities of the community are in analysis nothing but the synthesised actions of the components in association"[381].

In der Kategorie des Ökosystems ist nun die Einheit von Lebewelt und ihren Lebensbedingungen als gleichrangig nebeneinander gestellte Einflußgrößen konstruktionsmethodisch hergestellt, denn das Ökosystem umfaßt

"... the whole system (in the sense of physics), including not only the organism-complex, but also the whole complex of physical factors forming what we call the environment of the biome - the habitat factors in the widest sense."[382]

Die anorganischen Faktoren sind als Systembestandteile von derselben Qualität wie die organischen. Die Ökosysteme "form one category of the multitudinous physical systems of the universe, which range form the universe as a whole down to the atom."[383]

Wenn nun die Ganzheit der Lebewelt für sich keine wissenschaftlich bedeutsame Größe repräsentiert, dann ergibt sich für die wissenschaftliche Methode der Ökologie, daß Ökosysteme geistig ("partly artificial") hergestellte Konstrukte realer Naturverhältnisse sind. Die wissenschaftliche Methode

---

380) TANSLEY 1935,298
381) TANSLEY 1935,299
382) TANSLEY 1935,299
383) TANSLEY 1935,299

"is to isolate systems mentally for purposes of study, so that the series of isolates we make become the actual objects of our study, whether the isolate be a solar system, a planet, a climatic region, a plant or animal community, an individual organism, an organic molecule or an atom. (...) The isolation is partly artificial, but is the only possible way in which we can proceed."[384]

Das Ganze als System trägt damit den Grund seiner Entstehung in sich, d.h in seinen Bestandteilen. Die Bestandteile selbst bringen das Ökosystem hervor, doch dieses ist nichts mehr als der sich in den Elementen manifestierende Zusammenhang selbst. Das Ökosystem erhält sich selbst, weil die einzelnen Systembestandteile ihre wesentliche Bestimmung haben, funktionierende Bestandteile zu sein. Die Selbsterhaltung des Systems wird so zur wesentlichen Systembestimmung. Damit gewinnt auch die Kategorie Umwelt einen zusätzlichen Inhalt. Alle physikalischen, chemischen u.a. Größen, sind von vorneherein als funktionelle Bestandteile gedacht. Hierin liegt auch das Grundkonzept jeglicher Modellbildung, in der alle möglichen Faktoren im Hinblick auf Selbsterhaltung des Systems erstellt und konstruiert werden.

Allerdings weist TANSLEYs Konzeption gegenüber der holistischen Auffassung einen Mangel auf. Hatte diese im Holozön als Ziel- und Ausgangspunkt des Naturganzen die Triebkraft erfaßt, so ging dieser Gesichtspunkt durch TANSLEYs Reduktion auf meßbare Zusammenhänge ganz im Systemcharakter unter. Dem Selbsterhaltungscharakter des Ökosystems als eigenständige Größe wurde nun durch die energetische Betrachtung des Ökosystems Rechnung getragen.

Die energetische Betrachtungsweise der Ökosysteme, d.h. das Verfahren, alle Bestandteile des Ökosystems selbst in energetische Größen zu überführen, bildet den konsequenten Fortgang aus der von TANSLEY geschaffenen Voraussetzung, daß Ökosysteme sich selbst erhaltende Systeme sind. Sie wurde von LINDEMAN produktionsbiologisch in seiner Arbeit "The Trophic-dynamic Aspect of Ecology" behandelt. Indem LINDEMAN an dem von TANSLEY eingeführten Ökosystembegriff im holistischen Sinne weiterdenkt, gelangt er zur Produktionsbiologie. Der Fortgang von TANSLEYs zu LINDEMANs Konzeption ist die auf funktionalsistischer Grundlage weitergeführte begriffliche Durchführung der holistischen Grundidee, daß dem Ökosystem selbst eine Potenz zukommen muß, die es in die Lage versetzt, sich selbst zu erhalten. Diese Potenz ist eine funktionelle Eigenschaft des Systems, aber keine getrennte, sondern eine Eigenschaft seiner Bestandteile. Damit wurde die Energie selbst als Systembestandteil relevant.

---

384) TANSLEY 1935,300

"Lindeman übernahm Tansleys Ökosystemkonzept (Tansley 1935), aber er fügte der Dynamik in der Ökologie eine neue Dimension hinzu: Er beschrieb den grundlegenden Prozess trophischer Dynamik als Transfer von Energie innerhalb des Ökosystems."[385]

Hierin schließt LINDEMAN an THIENEMANNs Konzeption an. Die von THIENEMANN bereits vorgenommene Einteilung der Lebewelt in Produzenten, Konsumenten und Reduzenten - LINDEMAN zieht für letztere den Ausdruck "decomposer" vor - wird systemtheoretisch aufbereitet, insofern diese Einteilung ihrem Kreislaufcharakter nach in ein funktionell energetisches Modell eingebettet wird, dem bestimmte Produktionsraten zugemessen werden. Das Ökosystemmodell beruhte nun auf der Kompatibilität der Materie- und Energieflüsse, die das Ökosystem durchströmen: Es wurden Bilanzen erstellt, in Kalorien oder in Joules berechnet. Daraus wurde die Produktivität und der energetische Wirkungsgrad der verschiedenen Ernährungsstufen berechnet. Erst in diesen energetischen Berechnungen kann die innere Dynamik von Ökosystemen erfaßt werden[386].

ODUMs systematische Darstellung der modernen Ökologie enthält alle bereits von THIENEMANN in der allgemeinen Ökologie entwickelten Konzeptionen unter dem Gesichtspunkt der Selbsterhaltung des Ökosystems. Den Unterschied sieht er darin, daß die Energie "als allgemein gültiger Nenner zur Integration lebender und physikalischer Komponenten in die Funktion des Ganzen hervorgehoben" wurde[387]. Diese Auffassung unterscheidet sich von THIENEMANNs Ökologie im wesentlichen dadurch, daß sie diese im Sinne systemischer Selbsterhaltung neu interpretiert, wie beispielsweise das Konzept der Nahrungsketten als Energieflußmodell, die ökologische Valenz im Hinblick auf die Funktion limitierender Faktoren des Ökosystems, das Biozönosekonzept als Konzept der biotischen Gemeinschaft u.a.m.. Die von THIENEMANN entworfene Ganzheitsökologie findet somit ihre moderne Bestätigung in der Systemökologie, indem die Ganzheit selbst nicht mehr als selbständige Entität, sondern als funktionelle Einheit der Naturbestandteile untersucht wird.

Die seit kurzem in der Diskussion der ökologischen Biologie vorwaltende Tendenz die "Diversity" in den Mittelpunkt des Interesses zu rücken, zeigt im weiteren, daß mit der Suche zum Verständnis der Diversität in den Ökosystemen die Art wieder wesentlich für die Ökologie wird. Mit dieser Rückbesinnung auf die Bausteine des Systems ist eine Rückbesinnung auf die Konzeption verbunden, mit der THIENEMANN vor über einem halben Jahrhundert die ökologische Wissenschaft begann. Energiebi-

---

385) OVERBECK 1989
386) Vgl. dazu ELLENBERG 1973
387) ODUM 1983,XVI

lanzen und funktionelle Systemkonstruktionen allein können nicht ohne das Wissen um die einzelnen Arten erstellt werden, wenn sie nicht in methodischem Raum verbleiben wollen. So wird hier die THIENEMANNsche Grundeinsicht wieder lebendig, daß Quantitäten auf Qualitäten aufbauen, daß - mit anderen Worten - die Erkenntnis der lebendigen Natur nicht in das Korsett quantitativer Verhältnisse gezwängt werden kann.

10. Die Tiergeographie THIENEMANNs - die Weiterentwicklung der tiergeographischen Wissenschaft zur ökologischen Wissenschaft.

Obgleich THIENEMANNs tiergeographische Studien bis in die Studentenzeit zurückreichen[388], steht THIENEMANNs Tiergeographie am Ende der Behandlung seines theoretischen Werkes. Die ersten tiergeographischen Arbeiten sind noch keineswegs ökologisch im holistischen Sinn. Sie zeichnen sich vorwiegend dadurch aus, daß sie die systematische Stellung der Organismen bestimmen und ihr Verbreitungsgebiet benennen. Ökologische Ansatzpunkte zeigten die Arbeiten THIENEMANNs erst, als sie die Aufgabe in Angriff nahmen, die Verbreitungsgeschichte der Organismen zu ermitteln[389], wofür THIENEMANN ausführliche geographische und geologische Studien[390] betrieb.

Während seiner Tätigkeit als angewandter Ökologe am Münsteraner Institut setzte er die tiergeographischen Studien fort. Die die Verbreitung regelnden Faktoren waren bereits 1914 von ihm festgehalten und Gegenstand seiner Antrittsvorlesung 1910 an der Universität Münster. Für die angewandte Ökologie war die Tiergeographie von doppeltem Nutzen. Zum ersten als Bestandteil der Abwasserbiologe, die gewisse Regelmäßigkeiten der Gewässerbesiedlung festzuhalten verlangte, zum zweiten bei der Untersuchung der Neubesiedlung der Talsperren, wobei der empirisch-sammlerische Gesichtspunkt noch die Forschung bestimmte.

Erst mit der Fortentwicklung des Seetypensystems und der ökologischen Limnologie trat auch in tiergeographischen Untersuchungen der biozönotische Gesichtspunkt zunehmend in den Vordergrund, wie umgekehrt für die Seetypologien die Erforschung der Verbreitung unverzichtbarer Bestandteil wurde[391]. Die tiergeographische Forschung trat damit in den Dienst der ökologischen Limnologie[392], wobei der Einfluß von Richard HESSE[393], Friedrich DAHL[394] und Sven EKMAN[395] zu erwähnen ist.

Wir greifen für die folgende Darstellung auch die Ansicht WORSTERs[396] auf, daß überhaupt die Geschichte der Ökologie als Auseinandersetzung zwischen einem harmonistischem Weltbild der holistischen Ökologie und einem vom "Kampf ums Da-

---

388) THIENEMANN 1904a,1904b
389) THIENEMANN 1906a,b,c
390) THIENEMANN 1907 a
391) THIENEMANN 1927c,57
392) THIENEMANN 1925a,211
393) HESSE 1917a
394) DAHL 1921
395) EKMAN 1927
396) WORSTER 1985, Vgl. dazu EGERTONs kritische Bemerkungen

sein" geprägten selektionstheoretischem Bild der Natur zu verstehen sei. WORSTERs Ansatz erscheint dabei in Hinblick auf die Erklärung weltanschaulicher Differenzen als fruchtbar. Denn in wissenschaftlicher Hinsicht bedingen beide Betrachtungsweisen - die ökologische und die historische[397] - einander und schließen sich nicht aus. Allerdings verweist WORSTER auf eine nur noch historisch bedeutsame weltanschauliche Kontroverse, wie sie bereits in der Entwicklung der holistischen Ökologie als Vitalimus-Mechanismus-Kontroverse Thema war. Im Unterschied zur letztgenannten Kontroverse stehen hier "Harmonisten" "Zufallstheoretikern" gegenüber. Diese weltanschauliche Kontroverse wurde von WAGNER[398] recht treffend als Kampf der "blinden Apotheose des Zufalls" gegen teleologische Gesetze der Natur bezeichnet.

10.1. Die Verbreitung als Resultat der Lebensbedingungen

Bevor die Biologie an die wissenschaftliche Erklärung der Entstehung der Arten ging, bestand die geistige Beschäftigung mit den vielfältigen Formen und Verhältnissen der lebendigen Natur zum einen in der Systematisierung der Arten[399], wobei die Entstehung der vielfältigen Formen in deren religiöser Ausdeutung gipfelte. An der Natur seien Beispiele und Beleg für die Existenz eines übernatürlichen Schöpfers zu finden[400]. Die zweckmäßigen Einrichtungen der Organismen sollten dem Glauben lebensnaher Beweis für die Existenz eines göttlichen Schöpfungsplanes sein. Der mosaischen Schöpfungslehre[401] zufolge wurden die Tiere, je in einem Paar, geschaffen und verbreiteten sich von einem paradiesischen Garten aus über die ganze Erde.

BUFFON war der erste Autor, der die mosaische Schöpfungslehre durch eine Entwicklungstheorie zu widerlegen suchte. Allerdings ist bei ihm der Entstehungsprozeß der Arten noch sehr diffus erklärt. Er läßt die Tiere unter dem Einfluß des Klimas "ausarten". Gegen die Katastrophentheorie[402] und die Vorstellung eines Schöpfungsplanes[403] hatte sich LAMARCK den Nachweis zur Aufgabe gemacht,

> "dass der Wechsel der Umstände den Thieren neue Bedürfnisse auferlegt und sie zu neuen Thätigkeiten antreibt, dass die neuen wiederholt ausgeführten Thätigkeiten neue Gewohnheiten und Neigungen nach sich ziehen, dass endlich der mehr oder weniger grosse Gebrauch irgendeines Organs dieses Organ abändert, entweder indem er es stärkt, entwickelt und vergrößert, oder indem er es schwächt, abzehrt, entkräftet und sogar verschwinden läßt."[404]

---

397) MÜLLER 1980
398) WAGNER 1907
399) LINNÉ 1751
400) FRIEDERICHS 1937,4
401) DAHL 1925,6
402) LAMARCK 1903,38
403) LAMARCK 1903,4
404) LAMARCK 1903,5

LAMARCK erklärte in seiner zuerst 1809 erschienenen "Philosophie zoologique" den zweckmäßigen Bau der Organe als eine Folge der Anpassung der Organismen an die jeweiligen Umstände, aus dem "Gebrauch oder Nichtgebrauch der Organe, also (aus) der Macht der Gewohnheit" [405]. Am Standardbeispiel des Giraffenhalses[406] verdeutlicht, hieß dies, daß der lange Giraffenhals aus der gewohnheitsmäßigen Anstrengung entstanden war, in kargen Steppen das Laub von den Bäumen zu fressen.

Die Verbreitung der Arten wurde als Resultat der unmittelbaren Einwirkung der Lebensbedingungen betrachtet. So nimmt VOGT[407] einen den Organismen innewohnenden Entwicklungstrieb an, der den äußeren Lebensbedingungen entsprechen mußte. A.WAGNER[408] steht noch ganz auf dem Standpunkt der Katastrophentheorie CUVIERs. Er und L.AGASSIZ hatten anhand des klimatischen Faktors bestimmte Tierprovinzen mittels circumpolarer Zonen abgesteckt, und im Anschluß daran hatte DANA[409] eine Abgrenzung durch sog. Isokrymen - das sind Linien gleicher Winterkälte - vorgeschlagen. Bei SCHMARDA[410] findet sich dann zum ersten Mal der Gedanke, daß eine Abgrenzung der Regionen in Lebensbezirke erfolgen muß, aber er führt alle Erscheinungen der Tierverbreitung lediglich auf die Lebensbedingungen zurück, eine Abstammung der Formen voneinander gab es für ihn nicht[411].

DZWILLO[412] hat dieses Verfahren, die Formen der Tierwelt unmittelbar aus den Lebensbedingungen zu erklären, kritisch gekennzeichnet. Denn letztlich deutet der Verweis auf einen innewohnenden Trieb als Begründung für die Entstehung neuer Organe und damit für die Existenz einer bestimmten Art auf den Widerspruch hin, daß man die Fähigkeit zu ihrer Ausbildung als Anlage am Organismus unterstellen muß, um sie als Resultat der zweckmäßigen Anpassung behaupten zu können[413].

10.2. Die selektionstheoretische Tiergeographie

Im Unterschied zu den bisher vorgestellten Theorien ging DARWIN davon aus, daß die Abänderung der Eigenschaften nicht unmittelbar mit der Zweckmäßigkeit für das Tierleben in der Natur zusammenfällt. DARWIN hatte am praktischen Umgangs

---

405) DARWIN 1980,5. Zitiert wird hier im weiteren nach der 1980 erschienenen Übersetzung der zuerst 1859 bei John MURRAY in London erschienenen Schrift von Charles DARWIN "On the origin of species of Natural Selection or the Perseveration of Favoured Races in the Struggle for Life"
406) DARWIN 1980,5
407) VOGT 1858
408) WAGNER, A. 1844
409) DANA 1853
410) SCHMARDA 1853
411) DAHL 1925
412) DZWILLO 1978
413) Vgl. HÖLDER 1989

des Menschen mit der lebendigen Natur festgestellt, daß "bei unseren domestizierten Rassen (...) ihre Anpassung, nicht zugunsten ihres eigenen Vorteils, sondern zugunsten des Menschen und der Liebhaberei"[414] existiert. Die Abhängigkeit der entstandenen Nutztiere und -pflanzen von menschlicher Kultivierung, die Unfähigkeit vieler Zuchtprodukte, unter natürlichen Umständen zu überleben, zeigte, daß die Eigentümlichkeiten Resultat der künstlichen Zuchtwahl sind. Der Mensch schaffte "allmähliche Veränderungen, und der Mensch gibt ihnen die für ihn nützliche Richtung. In diesem Sinne kann er von sich sagen, er schaffe sich selbst seine nützlichen Rassen."[415]

Aus der Art und Weise, wie der Mensch die lebendige Natur zu seinem Nutzen abwandelte, erschloß DARWIN, wie die Natur selbst bei der Entwicklung der Arten verfährt. Er ging dabei von der Variation bzw. der Veränderlichkeit der Arten aus. Alle Individuen einer Art weisen eine unendliche Reihe von richtungslosen Unterschieden bezüglich aller möglichen Merkmale auf. Da die individuellen Unterschiede wie Fellfarbe, Schuppenform oder -größe, Zahnmuster usw. keine Richtung, d.h. keine immanente Entwicklungsnotwendigkeit aufweisen, galten sie als zufällig. Diese individuellen Unterschiede "liefern der natürlichen Zuchtwahl das Material zur Anhäufung, so wie der Mensch in seinen Zuchtprodukten die individuellen Unterschiede in bestimmter Weise anhäuft."[416]

Da die entstehenden individuellen Unterschiede richtungslos und zufällig sind, zugleich aber alle Eigenschaften des Organismus einer Art zweckmäßige Einrichtungen sind, stellte sich die Frage, wie "sich alle die vortrefflichen Anpassungen eines Teil der Organisation an den andern und an die Lebensbedingungen, eines organischen Wesens an das andere entwickelt"[417] haben. Das Ergebnis der Zweckmäßigkeit der organischen Einrichtung bei verschiedenen Arten kommt nun dadurch zustande, daß auf die geringfügigen Veränderungen der Individuen die äußeren Faktoren wie eine züchterische Macht als Auslese wirken, die auf die Dauer das gesamte Erscheinungsbild der eben nur relativ konstanten Art verändern oder eine neue Spezies etablieren. Für diesen Prozeß hatte DARWIN den Ausdruck "Kampf ums Dasein" gewählt, in dem "jede Veränderung, wie gering sie auch sein und aus welchen Ursachen sie auch entstanden sein mag, wenn sie nur irgendwie dem Individuum vorteilhaft ist, auch zur Erhaltung dieses Individuums beitragen und sich gewöhnlich auch auf die Nachkommen vererben"[418] wird. Er nannte "dieses Prinzip, das jede geringfügige, wenn nur

---

414) DARWIN 1980,42
415) DARWIN 1980,43
416) DARWIN 1980,58
417) DARWIN 1980,74
418) DARWIN 1980,75

nützliche Veränderung konserviert, 'natürliche Zuchtwahl' (...), um seine Beziehung zu der vom Menschen veranlaßten künstlichen Zuchtwahl zu kennzeichnen"[419].

Wie sich die an den Variationen durch Vererbung eingestellten Eigenschaften im Verhältnis zu den Umweltbedingungen auswirken, hängt von deren Beschaffenheit ab. Die etwas unglückliche Formulierung DARWINs vom "Kampf ums Dasein"[420] besagt also schlicht, daß auf der Grundlage des geometrischen Verhältnisses der Zunahme, "die eine notwendige Folge des stark entwickelten Strebens aller Lebewesen, sich zu vermehren"[421], nur die Variation sich behauptet, die sich aufgrund der neu erworbenen Eigenschaften durchsetzen kann.

"Diese Erhaltung vorteilhafter individueller Unterschiede und Veränderungen und diese Vernichtung nachteiliger nenne ich natürliche Zuchtwahl oder Überleben des Tüchtigsten."[422]

Das geometrische Verhältnis der Zunahme in den Organismenpopulationen führt dazu, daß jede Veränderung sich auswirkt, daß der Anpassungs- und Artentstehungsprozeß nie abgeschlossen ist[423]. Nur die Veränderung bleibt bestehen, die "zum Nutzen eines Wesens"[424] wirkt. So kann der beständige "Kampf ums Überleben" dazu führen, daß "eine Art, die sich nicht im selben Verhältnis wie ihre Mitbewerber verändert und verbessert, zugrunde gehen muß"[425].

Da daher "jedes Wesen nach immer vorteilhafter Abänderung im Verhältnis zu seinen Lebensbedingungen strebt"[426], kommt es zur stufenweisen Entwicklung, zur Evolution. Die Evolution ist nicht gleichbedeutend damit, daß alle Organismen sich zu einem gemeinsamen, insgesamt vollkommenen Stadium entwickeln[427]. Denn es gibt sog. niedere Tiere, wie Infusorien, Würmer, etc., weil "hohe Organisation unter sehr einfachen Lebensbedingungen nicht von Nutzen sein kann, vielleicht sogar schädlich sein muß, weil sie empfindlicher ist und leichter zerstört werden kann"[428].

Damit war zunächst die Ansicht der frühen Tiergeographen widerlegt, daß die Tierverbreitung ein Resultat klimatischer Verhältnisse sei. Der Umstand, daß die Variation der Arten selbst unabhängig von den geographischen Gegebenheiten ist, heißt in bezug auf die Verbreitung der Arten über die Erdoberfläche, "daß sich weder die

---

419) DARWIN 1980,75
420) Vgl. dazu auch DOFLEIN 1911
421) DARWIN 1980,77
422) DARWIN 1980,92
423) DARWIN 1980,94
424) DARWIN 1980,96
425) DARWIN 1980,114
426) DARWIN 1980,135
427) GOULD 1984
428) DARWIN 1980,139

Ähnlichkeit noch die Unähnlichkeit der Bewohner verschiedener Gebiete aus klimatischen oder anderen Verhältnissen erklären läßt."[429]

Die Vermehrung der Arten übt einen Verbreitungsdruck auf die Tiere aus, so daß jedes neue Land "sofort von einer Menge wettkämpfender Bewohner bevölkert"[430] wird. Dieser Ausweitung und der Vermischung der Arten stehen Barrieren (Gebirge, Meeresarme und -strömungen usw.) entgegen. Diese Verbreitungsbarrieren ändern sich nun im Verlaufe der Erdgeschichte selbst, denn die Erdoberfläche ist Wandlungen unterworfen, die wiederum auf die Verbreitung der Tiere einwirkt. Inwieweit eine geographische Gegebenheit als Barriere wirkt, hängt von den Verbreitungsmitteln der Tiere ab. Die Verbreitung ist also das Produkt aus den Veränderungen der Arten und den Veränderungen der geographischen Gegebenheiten (WALLACE 1876, 8f). Mit der Abstammungslehre trat denn auch die erdgeschichtliche gegenüber der ökologischen Seite in den Vordergrund des Interesses. WALLACEs Tiergeographie von 1876 blieb, wie man auch an THIENEMANNs Darstellung der Verbreitungsfaktoren entnehmen kann, lange Zeit verbindlich.

WALLACE hatte bereits zwischen Aufenthaltsort und Heimat, zwischen geographischen und "localen" Vorkommen unterschieden und damit einen Unterschied zwischen Tiergeographie und Ökologie gemacht.

10.3. Selektionstheoretische und ökologische Tiergeographie

Hatten DARWIN und WALLACE nun der teleologischen Biologie "ein jähes Ende"[431] bereitet, indem sie die scheinbare Zweckmäßigkeit der organischen Welt als *eine* Folge natürlicher Ursachen und Bedingungen[432] beschrieben, so war das Überwiegen der erdgeschichtlichen Tiergeographie vom Standpunkt der ökologischen Wissenschaft allerdings revisionsbedürftig. Zwar finden sich auch bei DARWIN und WALLACE eine Fülle von ökologischen Erkenntnissen, doch sind sie alle dem abstammungstheoretischen Beweise untergeordnet.

Allerdings gab es auch Einwände gegen die Selektionstheorie DARWINs, die manche Biologen der Jahrhundertwende sogar zu der Ansicht gelangen ließen, daß die Selektionstheorie keine Zukunft[433] mehr habe. Ins Kreuzfeuer der Kritik geriet dabei die Theorie von der natürlichen Zuchtwahl[434]. Eingewendet wurde, daß die Fortschritte der Zuchtwahl durch die allgemeine Kreuzung der Tiere innerhalb derselben Art, also durch Panmixie, verwischt würden[435] und daß die Rolle der Isolation bei der Artbil-

---

429) DARWIN 1980,401
430) WALLACE 1876,8
431) DAHL 1911a
432) DAHL 1911,393f
433) TSCHULOK 1922
434) HESSE 1918,74f
435) HESSE 1918,75

dung vernachlässigt würde[436]. Letztgenannter Einwand führte JACOBI im Anschluß an M. WAGNER zur Separationstheorie, die besagt, daß nur in neuen Umwelten neue Arten entstehen können, "wonach die Entstehung jeder Art von dem Vorhandensein eines bestimmten, räumlich abgesonderten Gebietes abhängig ist"[437]. JACOBI zufolge kann aus der Naturzüchtung immer nur *eine* neue Art entstehen[438], da immer nur ein Merkmal mutieren kann, so daß eine Vermehrung der Artenzahl sich aus der Selektionstheorie nicht erklären läßt. Der Ökologe DAHL bemerkt hierzu, daß die künstliche Zuchtwahl durch den Menschen immer nur an einer Eigenart anknüpfen, während die Natur mehrere Variationen "bevorzugen" kann.

Ein weiterer Einwand behauptet, daß als Veränderungsursache nicht die Nützlichkeit des Merkmals, sondern die unmittelbare Einwirkung der Umwelt in Frage kommt. DAHL[439] begegnet diesem Einwand mit dem Beispiel, daß die weiße Fellfarbe der Tiere nicht vom kalten Klima herrühren kann, da in denselben Regionen der schwarze Kolkrabe heimisch ist. Weiterhin hat die Behauptung, daß das Gesetz der Ähnlichkeit "unabhängig von natürlichen Bedingungen"[440] herrscht, eine Diskussion um die Erblichkeit und Nichterblichkeit erworbener Eigenschaften aufleben lassen[441].

THIENEMANN wiederum wandte sich nicht gegen die Erklärung der Artentstehung durch natürliche Auslese, sondern gegen die Kategorie des Zufalls als Bestandteil wissenschaftlicher Erklärung.

"Wenn wir hier den Zufall als biologischen Faktor an erster Stelle behandeln, so muß demgegenüber hervorgehoben werden, daß wir den Zufall, der gemeinsam mit der Selektion, der sog. natürlichen Auslese, die Ganzheit und Harmonie des Kosmos angeblich erklären soll, scharf ablehnen."[442]

Allerdings beruhte die scharfe Ablehnung THIENEMANNs auf einem Mißverständnis. Denn die darwinistische Theorie wollte Ganzheit und Harmonie des Kosmos nicht erklären. Die ökologische und die selektionstheoretische Auffassung sind auch in gewisser Hinsicht inkompatibel, denn sie ergänzen sich gegenseitig und widerlegen sich nicht. Es ist ein gänzlich anderes wissenschaftliches Vorhaben, die Zweckmäßigkeit der Organismen im Verhältnis zu ihrer Umwelt darzutun und aus dem Vergleich der Individuen einer Art oder einer Gattung untereinander verschiedene Anpassungsformen zu erläutern, als das Zustandekommen der Arten selbst zu erklären.

---

436) BRAUER 1911
437) JACOBI 1904,19
438) JACOBI 1904,18
439) DAHL 1920
440) DARWIN 1980,404
441) HERIBERT-NILSON 1941, HESSE 1924
442) THIENEMANN 1956,42

Natürlich trachtet der Ökologe das Feste, das immer Wiederkehrende in den Naturerscheinungen zu ergründen und nicht das zufällig Wechselnde. Zufällige Änderungen, beispielsweise Mutationen, sind nicht das Erklärungsfeld des Ökologen, denn der "Zufall" spielt in der Erklärung des Verhältnisses von Leben und Umwelt gerade keine Rolle. Wenngleich in der Sache Einigkeit herrscht, bleibt dennoch die Differenz festzuhalten.

"'Zufall' bedeutet in der Naturwissenschaft mangelnde Einsicht in die Ursachen und daher Unmöglichkeit einer Voraussage eines Ereignisses. Der Begriff 'Zufall' bezeichnet daher eine Lücke in unseren Kenntnissen, aber nicht die Sinnlosigkeit eines Ereignisses."[443]

Es sei dahingestellt, ob die *Erkenntnis*, daß ein Ergebnis per Zufall zustande gekommen ist, mit dem Eingeständnis der *Unerkennbarkeit* Hand in Hand gehen soll. Ein Gegensatz zwischen ökologischer Theorie und darwinistischer Abstammungslehre entsteht erst, wenn eine der beiden "Disziplinen" versucht, den Erkenntnisgegenstand zur einzig gültigen Erkenntnismethode zu erheben. Der Streit über Zufall und Notwendigkeit als "Lebensprinzipien" entspringt *nicht* der wissenschaftlichen Biologie selbst. Er entspringt verschiedenen Natur*auffassungen*, die in den Kategorien Zufall und Notwendigkeit, Chaos und Harmonie, Teleologie und Kausalität ihren begrifflichen Fluchtpunkt finden.

Dafür, daß die Verurteilung des Zufalls als Erklärungsprinzip weltanschauliche Wurzeln hat, die mit der Erklärung der in Frage stehenden Sache nicht zusammenfallen, spricht, daß THIENEMANN selbst dem Zufall eine durchaus tragende Bedeutung zuwies.

"In jeder Lebensgemeinschaft steckt dieser historische Faktor der Zufälligkeit der Erstbesiedelung, ob wir nun an die Organismenwelt einer Insel oder eines Sees oder - und da wirkt er in noch erhöhtem Maße! - an die menschliche Bewohnerschaft eines Landes denken. Und da nun auch auf der anderen Seite die Gestaltung des Lebensraumes im gleichen Sinne 'zufällig' ist, da wie man treffend gesagt hat, 'die Lebensräume durch ihre *Naturgeschichte* (im eigentlichen Sinne der Geschichte der Erde und des Lebens) belastet sind,'[444] so ist die Erklärung eines Verbreitungsphänomens durch rein physikalische Gesetzlichkeit ebenso unmöglich, wie die des Einzelorganismus. Was historisch geworden, ist mechanisch kausal nicht auflösbar! *Das ganze Leben, die ganze Geschichte ist Verarbeitung des Zufalls* (Hervorhebung vom Verf., G.S.)." [445]

---

443) ELSTER 1963,15
444) THIENEMANN zitiert hier WASMUND,E.:Biozönose und Thanatozönose. - Arch. f. Hydrobiol. 17. 1-116)
445) THIENEMANN 1950,500

10.4. Die kausale Tiergeographie

Die Grundfrage der kausalen, ökologischen Tiergeographie "Warum lebt ein Tier an dieser Stelle oder warum fehlt es hier?" zielt nun nicht auf die historische Rekonstruktion der Verbreitung, also die Verbreitungsgeschichte alleine ab. Die Tiergeographie umfaßt zwar damit die "Lehre" von den Verbreitungsmöglichkeiten und -schranken, aber sie geht darin nicht auf, sondern sie baut auf ökologischen Kenntnissen auf, wie sowohl an DARWINs als auch WALLACEs Ausführungen deutlich wird. Ökologisches Wissen, d.h. die Kenntnis des Zusammenhangs von Lebewelt und Umwelt, wird von der Selektionstheorie beständig benützt. Allerdings sind beide in Bezug auf die Tiergeographie analytisch trennbar.

Im Unterschied zur historischen Tiergeographie, die aus den Homologien der Tiere deren Verbreitung abstammungsgeschichtlich erklärt, hat die ökologische Tiergeographie die Aufgabe, die Verbreitung aus den Analogien der Tiere zu bestimmen. Letztere bestimmt also die die Tierverbreitung bestimmenden Faktoren *funktionell*.

"Die ökologische Tiergeographie betrachtet die Tiere in ihrer Abhängigkeit
von den Bedingungen ihres Lebensgebietes, in ihrem 'Angepaßtsein' an ihre
Umwelt, ohne Rücksicht auf die geographische Lage dieses Gebiets, mag es
in Amerika oder Afrika, auf der Nord- oder auf der Südhalbkugel gelegen
sein."[446]

Die ökologische Tiergeographie löst also die rein geographischen Gegebenheiten in physikalisch-chemische und biozönotische Verhältnisse auf, um daraus allgemeine Regelmäßigkeiten zu erarbeiten. Denn erst wenn "die Tiere in ihrer Abhängigkeit von den Bedingungen ihres Lebensgebietes, in ihrem 'Angepaßtsein' an ihre Umwelt, ohne Rücksicht auf die geographische Lage dieses Gebiets"[447] betrachtet werden, kann die Grundfrage der kausalen, ökologischen Tiergeographie "Warum lebt ein Tier an dieser Stelle oder warum fehlt es hier?" sinnvoll beantwortet werden.

Die Ausbreitungsökologie erfaßt dabei die Fähigkeiten an den Organismen, die ein bestimmtes Gebiet in Anspruch nehmen, die Existenzökologie bestimmt "die Lage und den Umfang des für die fragliche Tierart bewohnbaren Gebietes"[448].

Jede tatsächliche Verbreitung muß also dahingehend überprüft werden, ob eine weitere Verbreitung ausgeschlossen war, um das tiergeographische Gleichgewicht, i.e. die Kausalität der Verbreitung zu bestimmen. Erst wenn alle Möglichkeiten weiterer Verbreitung untersucht sind, kann die Notwendigkeit - also ihr "So-und-nicht-anders" -

---

446) HESSE 1924,6
447) HESSE 1924,6
448) THIENEMANN 1950,55

behauptet werden. Dazu sind die Umweltbedingungen und die Organismen sowie ihr Bezug aufeinander zu berücksichtigen.

Mit der Ermittlung des *tiergeographischen Gleichgewichts* geht die THIENEMANNsche wie die ökologische Tiergeographie überhaupt über die darwinistischen Erklärungsversuche hinaus. Hierbei ist zum einen jede tatsächliche Verbreitung Ausdruck eines Gleichgewichts - dies verlangt der Grundsatz der harmonischen Ganzheit - , und zugleich besteht die Möglichkeit einer "unvollständigen" Verbreitung, die ebenfalls ein Gleichgewicht darstellt - dies verlangt ebenfalls der Grundsatz der harmonischen Ganzheit. Damit ist auch der Gesichtspunkt der systematischen Darstellung der ökologischen Tiergeographie angegeben. Da deren Grundprinzipien aus der bereits dargestellten allgemeinen Ökologie entwickelt werden, wollen wir im weiteren nur die Punkte erörtern, die im Zusammenhang mit der Tiergeographie von Bedeutung sind.

10.5. Das tiergeographische Modell der Ökologie - die Verbreitungsökologie

THIENEMANN beginnt die Darstellung mit der aus der allgemeinen Ökologie her schon bekannten abstrakten Bestimmung von Umwelt und Leben.

> "Die Biogeographie setzt Leben und Umwelt in bestimmte Beziehungen zueinander. Die Gesamtheit der äußeren Lebensbedingungen (exogene Faktoren) auf der einen Seite, der lebende Organismus in seiner spezifischen Ausprägung (endogene Faktoren) auf der anderen Seite, stehen einander gegenüber." [449]

Im Hinblick auf die ökologische Tiergeographie werden Leben und Umwelt als die die Verbreitung bestimmenden Faktoren zueinander ins Verhältnis gesetzt, d.h. die tatsächliche Verbreitung der Tiere auf der Erde ist die Manifestation dieses allgemeinen Verhältnisses.

Die Tierwelt hat Leben zum Zweck. Das Tier verhält sich als Zweck *gegen* seine Umwelt, und der tierische Organismus selbst ist diese Zweckmäßigkeit seines eigenen Lebens, seine Organe Werkzeuge und Mittel des Organismus. Damit fallen erstens die Zweckmäßigkeit des Organismus und seine Gestalt, wie auch seine physiologischen Funktionen in eins. Zugleich entspringen die Zweckmäßigkeiten der Organe den "äußeren Lebensbedingungen".

Gerade weil die Zweckmäßigkeit des Organismus in den äußeren Lebensbedingungen sein Maß hat, sind die Tiere ihrer Umwelt angepaßt und Organismen, die die

---

449) THIENEMANN 1950,19

sen Notwendigkeiten nicht entsprechen, unzweckmäßig, d.h. beschränkt oder überhaupt nicht lebensfähig.

Der lebende Organismus hat von sich aus keinen eigenständigen Bestand gegen die Umweltbedingungen. Daher ist die Behauptung, daß die Organismen "autonome Existenzen (sind), die zwar durch von außen wirkende Kräfte geregelt werden, die aber wegen der ihnen innewohnenden Fähigkeiten mit diesen äußeren Kräften in ununterbrochenem Kampfe leben"[450] unpräzise. Denn dieser Kampf richtet sich nicht gegen die Bedingungen des eigenen Lebens schlechthin, sondern nur gegen Nahrungs- und andere Konkurrenten. Wären die dem Organismus innewohnenden Fähigkeiten Grund des Kampfes mit den äußeren Kräften, stünde also der Organismus generell in einem gegensätzlichen Verhältnis zu den Umweltbedingungen, wie sollte er dann überleben?

Allerdings versucht die Ökologie auf diese abstrakte Frage eine Antwort zu finden: Der Organismus muß diese zu ihm negativ stehenden Bedingungen bewältigen. Zunächst haben die äußeren Bedingungen negativen Charakter, d.h. sie negieren das Leben des Organismus. Daher lebt das Tier im Kampf mit ihnen. Wie wird dieser Kampf, dieser Gegensatz ausgetragen? Die Art und Weise des Kampfes besteht nun in der Reaktion auf diese Bedingungen. Als Reagierendes (!) ist das Tier paradoxerweise ganz im Gegensatz zur eingangs gemachten Bestimmung wiederum nur Resultat seiner Lebensbedingungen und hat als Organismus keine "autonome Existenz". Das Tier kann nur überleben, insofern es über die Disposition dazu verfügt, auf die es negierenden Lebensbedingungen zu reagieren.

Worin besteht nun die Differenz zwischen dieser Disposition eines Organismus und diesem selbst? Die Trennung zwischen der Disposition eines Organismus und dem Organismus kann nur formeller Natur sein, denn der Organismus ist seine Disposition, d.h. die Trennung von Disposition des Organismus und diesem selbst ist eine leere Differenz. Der Organismus selbst wird so zur Bedingung der Lebensbewältigung, die er zu erfüllen hat.

"Mit anderen Worten: eine Tiergeographie, die ihre Objekte nicht nur als gegebene und gewordene morphologische Einheiten hinnimmt, sondern auch nach ihren Leistungen betrachtet, deutet an, daß es sich bei der Verbreitung der Organismen nicht nur um Aufnahme und Duldung dieser Organismen in einem bestimmten Gelände handelt, sondern auch um Ausnützung und Beherrschung dieses Geländes durch die Organismen ..." [451].

---

450) THIENEMANN 1950,19f.
451) THIENEMANN 1950,20

Damit aber, die Verbreitung der Tiere aus dem Verhältnis von Duldung und Beherrschung heraus zu betrachten, wird ein neues Thema eröffnet: Der Organismus als "bloß morphologische Einheit" in seinem Verhältnis zu den Aufgaben, die ihm die Umwelt setzt.

"Es müssen demnach gerade hier die Gesetzmäßigkeiten der Innenfunktionen, diese physiologischen Momente, berücksichtigt werden, wenn die Beziehungen zur Außenwelt, also die ökologischen Momente, und danach auch die Verbreitung im Raum richtig begriffen werden sollen"[452].

Das Verhältnis der physiologischen und ökologischen Momente zu begreifen, d.h. das, was der Organismus ist und das, was auf ihn einwirkt, miteinander ins Verhältnis zu setzen und dieses als Eigenschaft des Organismus selbst zu bestimmen, ist nun Aufgabe der ökologischen Tiergeographie.

"Grundlage für jede tiergeographische Untersuchung muß die Feststellung der verschiedenen *allgemeinen Typen* der Reaktion sein, die die Tiere den Umwelteinflüssen gegenüber zeigen."[453]

Für diese allgemeinen Typen der Reaktion hatte HESSE den Begriff der "ökologischen Valenz" geschaffen, mit dessen Hilfe die Organismen nach Kriterien wie Temperatur, Salzgehalt des Wassers u.a.m. unterteilt werden. Dabei war für die tatsächliche Verbreitung der Faktor ausschlaggebend, in dem das Tier seine geringste Anpassungsamplitude aufweist. Heute gilt dafür SHELFORDs "Law of Toleration"[454], das THIENEMANN als Wirkungsgesetz der Umweltfaktoren beschrieb. Das Gesetz besagt, daß diejenigen Umweltfaktoren die Entwicklung eines Organismus in einem Biotop bestimmen, die bei dem Entwicklungsstadium des Organismus, das die kleinste ökologische Valenz besitzt, am meisten vom Optimum abweichen.

Die ökologische Valenz bezeichnet "eine mehr oder weniger große Plastizität" gegenüber einem Milieufaktor. Wichtig an dieser Kategorie ist, daß damit die Verbreitung im Raum gekennzeichnet ist, d.h. die Häufigkeit des Vorkommens einer Art oder einer Population innerhalb bestimmter definierter Areale. Es mißt sozusagen den Grad der Anpassung einer Art an bestimmte Umweltverhältnisse.

"Der Grad der ökologischen Valenz bestimmt also den Grad der Bindung einer Organismenart an eine bestimmte Biozönose und ihren Biotop."[455]

---

452) THIENEMANN 1950,20
453) THIENEMANN 1950,20
454) SHELFORD 1937,302
455) THIENEMANN 1950,29

Daraus ergeben sich drei ökologische Gruppen: die coenobionte - sie stellen auch analog zur Abwasserbiologie die Leitformen dar[456] -, die coenophile und die coenoxene Gruppe. Diese Einteilung bildet die Grundlage für weitere Differenzierungen in Nachbarn, Verwandte, Irrgäste und Ubiquisten[457].

Die Schwierigkeit bestand darin, die ökologische Valenz selbst zu messen. Zwar läßt sich die Häufigkeitsverteilung einer Art oder Population innerhalb eines Biotops bestimmen, aber allein die Häufigkeitsverteilung ist selbst nur ein quantitatives Maß, das die Eigenschaft am Tier nicht benennt. Da die ökologische Valenz aus der Häufigkeitsverteilung und nicht aus der physiologischen Beschaffenheit des Organismus ermittelt wurde, stellte sich die Frage nach der zeitlichen Konstanz der ökologischen Valenz[458].

Ändern sich die morphologischen Eigenschaften nicht oder nur geringfügig, dann auch nicht die ökologische Valenz. Ist nun die ökologische Valenz eine morphologische oder physiologische Eigenschaft des Organismus? Wir haben gesehen, daß beides per definitionem nicht der Fall ist. Die ökologische Valenz ist eine neue Qualität, die erst durch die Einführung der ökologischen Methode manifest wird. Aber insofern die ökologische Valenz die "Plastizität des Organismus" gegenüber den Milieufaktoren ausdrückt, beruht sie auf den Eigenarten des Organismus. Dies ist auch der Grund dafür, daß alle zoogeographischen Studien von der zeitlichen Konstanz der ökologischen Valenz ausgehen[459]. Es stellt sich also die Frage, *worin* der Zusammenhang der Eigenschaften eines Tieres und der ökologischen Valenz besteht.

PÜTTER[460] stieß dabei auf die Schwierigkeit, die ökologische Valenz physiologisch zu definieren, da - physiologisch betrachtet - bei Lebensvorgängen kein Unterschied in "besser" oder "schlechter" getroffen werden kann[461]. Diese Schwierigkeit löste die ökologische Bestimmung des Lebensoptimums sehr einfach über die Ermittlung der Vorkommenshäufigkeiten der jeweiligen Organismenarten.

Somit entspricht die maximale Lebensentfaltung den Lebensoptima der Individuen einer Art dadurch, daß das Lebensoptimum durch die maximale Häufigkeit des Vorkommens wiedergegeben werden kann[462]. Das Lebensoptimum ist dabei eine produktionsbiologische Größe.

---

456) STEINICKE 1916,118; KOLKWITZ/MARSSON 1902
457) REMANE/SCHULZ 1935,404;TISCHLER 1947
458) THIENEMANN 1950,32;STROHL 1921,19
459) THIENEMANN 1950,33 WARNECKE 1936,1
460) PÜTTER 1927
461) PÜTTER 1927,324; THIENEMANN 1950,41f
462) THIENEMANN 1950,42

"Produktionsbiologie und Biogeographie lassen sich im allgemeinen nur so trennen, daß bei jener das *Hauptgewicht* auf die *quantitative* Entwicklung eines Organismus und ihre Bedingtheit, bei dieser auf das *Vorhandensein* oder *Fehlen* überhaupt gelegt wird."[463]

Das Fehlen einer Art an einer für sie günstigen Lebensstätte führt zum Gegensatz von Ausbreitungs- und Existenzökologie[464].

"Man kann ... davon ausgehen, wie die Außenwelt den Forderungen entsprechen muß, die die Art für ihre Existenz an sie stellt, und von der Fähigkeit der Tierart, die geeigneten Gebiete aufzusuchen. So kommt die *Existenzökologie* in einen gewissen Gegensatz zur *Ausbreitungsökologie*."[465]

Der Gegensatz von Existenz- und Ausbreitungsökologie rührt dabei nicht von der tiergeographischen Grundfrage her. Denn die Ausbreitungsökologie geht von den Möglichkeiten aus, die die Tiere zur Verbreitung haben, während die Existenzökologie die Bedingungen einer Lebensstätte bestimmt, die eine Tierart braucht, um leben zu können. Somit wäre jede tatsächliche Verbreitung der Tierwelt in bezug auf Vorkommen wie Nicht-Vorkommen einer Art erklärt. Die Erklärung einer bestimmten Verbreitung fällt mit der Darlegung der Verbreitungsgeschichte zusammen, wie es THIENEMANNs Lehrbeispiel über die Ausbreitungsökologie von Mysis relicta zu entnehmen ist. Nebenbei erwähnt demonstriert der Umstand, daß THIENEMANN für seine limnische Verbreitungsgeschichte vorwiegend Reliktenkrebse und überhaupt Reliktenformen als Beispiele verwendet, daß die ökologische Verbreitungsgeschichte, von einem festen Verhältnis von Organismus und Umwelt ausgehend, gerade nicht die Entstehung der Arten erklären will, da hierbei die Art nicht konstant gesetzt werden darf. Verbreitung meint ökologisch hier daher stets Migration: Tiere finden die Lebensstätte, deren Beschaffenheit die Existenzökologie ermittelt. Das tiergeographische Gleichgewicht ist darin erklärt:

"Durch die ganze Zusammensetzung einer Lebensgemeinschaft, ihrer pflanzlichen Grundlagen und die Konkurrenz der in sie eingehenden Tierarten sind die Tiere einer Lebensstätte nach Art und Stückzahl bestimmt. Es besteht im allgemeinen ein Gleichgewicht in der Biozönose derart, daß sich die Zahl der vorhandenen Arten und Stücke, trotz beständigen Ab- und Zugangs durch Tod und Fortpflanzung, auf einer nahezu gleichen Höhe hält, ein Beharren im Wechsel."[466]

---

463) THIENEMANN 1950,52
464) EKMAN 1936
465) THIENEMANN 1950,55
466) HESSE 1924,144

Die errechenbaren Durchschnittsgrößen des Artenbestands, die mit den klimatischen und anderen Veränderungen variieren, stellen also den quantitativen Ausdruck des tiergeographischen Gleichgewichts dar. Es ist der Ausdruck der biozönotischen wie physikalisch-chemischen Verhältnisse. Allerdings begreift THIENEMANN dieses Beharren im Wechsel als eigenständige Größe, die zu den natürlichen Verhältnissen hinzutritt: Er nennt diese Größe den Einheitsfaktor. Ein Faktor, der weder mit einer einzelnen noch mit der Gesamtgröße identisch ist.

"Der Einheitsfaktor im Sinne von FRIEDERICHS ist durchaus nichts Mystisches; er ist die durch Wechselwirkung der lokalen Faktoren aufeinander vereinheitlichte Kombination derselben; FRIEDERICHS nennt ihn auch den holocoenen Faktor oder das Holocoen."[467]

THIENEMANN hat diese "holozönotische" Auffassung am Material nicht durchgeführt. Denn gemäß den entwickelten Leitlinien der ökologischen Tiergeographie gestaltet sich THIENEMANNs limnische Tiergeographie als Verbreitungsgeschichte der Süßwasserwelt Europas, wobei die Eiszeit als erdgeschichtliche Zäsur den historischen Orientierungsrahmen bildet[468], von dem aus die Wanderungsbewegungen untersucht werden. Das Holocoen stellt die Beständigkeit des tiergeographischen Gleichgewichts als eigenen Faktor her, es ist Resultat und Voraussetzung der Verbreitung, es ist der begriffliche Ausdruck der holistischen Ökologie in der Tiergeographie.

10.6. THIENEMANN und die moderne Biogeographie

Die nähere Befassung mit dem tiergeographischen Gleichgewicht, mit einer inneren Gesetzmäßigkeit, die die "Zahl der vorhandenen Arten und Stücke, trotz beständigen Ab- und Zugangs durch Tod und Fortpflanzung, auf einer nahezu gleichen Höhe hält", wurde im weiteren Sache der Tiergeographie, wobei hier der holocönotische Einheitsfaktor als quantitativ ermittelbare Gesetzmäßigkeit wiedergegeben werden sollte. Dabei orientierten sich die biogeographischen Versuche an populationsökologischen Überlegungen, wie sich beispielsweise in den Arbeiten Robert MacARTHURs[469] zeigt. Als ausgearbeitete Theorie war MacARTHURs sog. Inseltheorie die erste, die versuchte, ein mathematisch definiertes Gesetz des Gleichgewichtszustandes zu erstellen.

In der modernen Tiergeographie sind mittlerweile die frühen Erkenntnisse THIENEMANNs und der anderen ökologischen Tiergeographen, wie die späteren Arbeiten MacARTHURs, aufgenommen worden, wobei sie durch den Gesichtspunkt des le-

---
467) THIENEMANN 1950,141
468) THIENEMANN 1950,166
469) MacARTHUR 1966,1967,1972

benserfüllten Raums als tiergeographischem Faktor, der sich bereits bei HESSE findet, erweitert worden sind. Moderne Biogeographie versteht sich als systemökologische Arealforschung, die die Evolutionsforschung in sich integriert hat[470] und die Biogeographie als Entwicklung von Ökosystemen definiert[471].

---

470) MÜLLER 1980,64
471) MÜLLER 1980,64

11. Die Begründung der Ökologie durch August THIENEMANN im Lichte von Kontinuität und Wandel - Abschließende Bemerkungen

Zum Abschluß sei thesenhaft mit einigen kurzen Ausführungen rekapituliert, worin die Bedeutung THIENEMANNs für die Begründung und Entwicklung der Ökologie besteht, wobei inhaltlich auf in der Arbeit erarbeitete Resultate nur noch verwiesen werden soll.

1. These: Die angewandte Ökologie THIENEMANNs ist ein Produkt der industriellen Produktion und der Industriegesellschaft

Es ist dargelegt worden, daß die angewandte Ökologie - im Werk THIENEMANNs die Abwasser- und Fischereibiologie - aus der Notwendigkeit entstanden ist, die mit der Industrialisierung und Verstädterung einhergehenden Naturschädigungen wissenschaftlich zu bewältigen. Der Aufschwung der angewandten Forschung erfolgt aus den Bedingungen industrieller Produktion, die nicht nur zur Konsumtion taugliche Güter hervorbringt, sondern in der der Gebrauch der Natur zu Abfallprodukten führt, die der Natur schaden. Zugleich sind damit einhergehende Veränderungen der Natur wie Flußbegradigungen, die Anlage von Stauseen u.a.m. Eingriffe in die Natur, die deren Haushalt nicht nur nachhaltig stören, sondern sich in letzter Konsequenz auf das Leben der Menschen negativ auswirken. Mittlerweile bildet die angewandte Ökologie, für die THIENEMANN wichtige Resultate erbrachte, als wissenschaftliche Grundlage des Umweltschutzes mit den Unterabteilungen Gewässerökologie, Arten- und Biotopschutz u.a.m.[472] einen festen Bestandteil der angewandten Biologie.

Das Bedürfnis nach ökologischer Forschung erwächst also nicht allein aus ungelösten wissenschaftlichen oder philosophischen Problemen, sondern auch aus der Notwendigkeit, die gesellschaftliche Reproduktion weiterhin zu sichern.

2. These: Aus der Aufgabe der angewandten Ökologie entwickelt THIENEMANN ein Konzept, in dem die Versöhnung von menschlicher Zivilisation und Natur im Mittelpunkt steht. Er leitet damit die Humanökologie ein[473].

Allein die Konstatierung von Schädigungen an der Natur und die der angewandten Ökologie anvertraute Aufgabe, Techniken der Schadenskompensation ausfindig zu

---

[472] KLÄMBT/KREISKOTT/STREIT 1991
[473] FORBES 1922, ADAMS 1935

machen, sah THIENEMANN nicht als letztlich gültige Antwort auf die Umweltproblematik, die die Ökologie aufzubieten hatte. Er zielte auf eine Veränderung der Einstellung ab, die in der Natur ein beliebig benutzbares Objekt menschlichen Handelns sah. Denn der Mensch selbst ist ein Teil der Natur:

"Der Mensch gehört zur Natur; er ist ihr Glied und zugleich ihr Gestalter. Und damit kommen wir zu der Bedeutung, die die Ökologie, und zwar vor allem auf ihrer höchsten, holographischen Stufe, als allgemeine Ökologie für das praktische Leben besitzt."[474]

Dabei ging es THIENEMANN nicht um die bloße Erinnerung daran, daß die Natur die Grundlage menschlicher Produktion bildet, deren Erhaltung allgemein-gesellschaftlich zu berücksichtigen sei. Sein Credo richtete sich im Namen der Natur gegen die Zivilisation selbst.

"Aber je höher die Kultur - oder vielleicht besser gesagt, die Zivilisation -, umso mehr neigt der Mensch auch zu unnatürlichen oder widernatürlichen Handlungen."[475]

THIENEMANN sah dabei den Grund für den naturzerstörerischen Umgang nicht in einer falschen Neigung und ethischen Einstellung des Menschen - es sei hier an die Ausführungen zur modernen Ökopädagogik erinnert -, sondern in der Unwissenheit darüber, daß Mensch und Natur eine ökologische Einheit bilden.

"In so gut wie allen Fällen ist ein solches widernatürliches Verhalten kein vorsätzliches, beabsichtigtes. Es beruht vielmehr darauf, daß der Mensch die natürlichen Zusammenhänge und Gesetzmäßigkeiten nicht oder nicht genügend kennt."[476]

Gerade weil es nicht mangelnde Einstellung war, eben nicht wie bei JUNGE der unvernünftige Materialismus der Allgemeinheit, ist auch der Schluß THIENEMANNs auf den Erwerb biologischer Kenntnisse stringent.

"Abhilfe kann daher nur geschaffen werden dadurch, daß die Kenntnis dieser Dinge immer weiteren Kreisen vermittelt wird."[477]

Diese Kenntnis ging ihm nicht in der Systematik der Pflanzen, der Physiologie der Vertebraten oder ähnlichem auf. Was THIENEMANN als zu vermittelnde Kenntnis vorschwebte, hat er sehr deutlich gesagt.

---

474) THIENEMANN 1956,110
475) THIENEMANN 1956,111
476) THIENEMANN 1956,111
477) THIENEMANN 1956,111

"Ich wage doch die Behauptung aufzustellen, daß für die Vertiefung naturwissenschaftlicher Kenntnisse biologische Grundlage, auf der alles Weitere aufzubauen hat, *die* Wissenschaft sein muß, die die großen Zusammenhänge in der lebenden Natur ergründet: die allgemeine Ökologie."[478]

THIENEMANN hat dabei die Erkenntnis, daß ökologisches Denken zum Bestandteil des gesellschaftlichen Denkens werden muß, nicht als theoretischen Zusatz, sondern als Bekenntnis verstanden[479].

"Wer Natur betrachtet, wie ich es hier getan habe, legt ein Bekenntnis ab. Ein Bekenntnis spricht ein inneres Fürwahrhalten aus, das nicht oder nicht nur auf Wissen, sondern im letzten Grunde auf einem Glauben beruht. ... er ist verankert in der ganzen Struktur der Persönlichkeit."[480]

Selbst dieses Bekenntnis zur Natur sollte kein äußerliches, kein bloß gesagtes sein, sondern lebendig gewordene Richtschnur menschlichen Handelns werden.

"Wahrer Vermittler solchen Wissens und solcher Fähigkeit kann allerdings nur der sein, der die Einheit und Harmonie der Natur in sich von neuem erlebt!"[481]

Im Unterschied zu modernen Denkern geht die der Ökologie innewohnende Verantwortungsethik also bei THIENEMANN nicht in der methodischen Forderung nach ganzheitlichem Denken auf. Nicht die Erkenntnis der Ganzheitlichkeit in ihrem allgemeinen Sinn, sondern Erkenntnis der wirklichen Naturzusammenhänge faßte THIENEMANN als Ziel der Ökologie. Er hat diese Ganzheitlichkeit im Sinne der Verbundenheit mit der lebendigen Natur ganz wörtlich genommen und verstanden. Ökologie war ihm aber dennoch weit mehr als eine Weltanschauungslehre. Ökologie war ihm das Bekenntnis von der Identität des Menschen mit der Natur. Eine Identität, die nicht beständig der theoretischen Reflexion bedarf, sondern die im Gefühl des Menschen wohnt. In dieser Auffassung THIENEMANNs über die Ökologie ist die Quelle der sogenannten Humanökologie zu sehen, deren grundlegende Erkenntnisse heute die Grundsätze beispielsweise des Club of Rome bilden.

Moderne Ökologen wie z.B. ELLENBERG[482] begreifen diese von THIENEMANN referierte Ansicht als unwissenschaftlich und spekulativ. Allerdings wird sich den von THIENEMANN gezogenen Konsequenzen aus der ganzheitlichen Sichtweise

---

478) THIENEMANN 1956,112
479) THIENEMANN 1956,112
480) THIENEMANN 1956,116
481) THIENEMANN 1956,114
482) ELLENBERG 1973

auch im wissenschaftlichen Sinne niemand verschließen[483], mögen sie manchen auch nicht als Konsequenzen ökologischer Grundprinzipien, sondern als dem Spekulativen oder Ethischen entstammende Desiderate erscheinen[484].

Allerdings beruht die Trennung von Ökologie in Wissenschaft und Ideologie, deren historischer Entstehung TREPL seine Ökologiegeschichte gewidmet hat, darauf, daß die allgemeine Ökologie selbst geisteswissenschaftliche Züge trägt, deren Ursprünge in der Geschichte der Ökologie selbst zu finden sind.

These 3: Die allgemeine Ökologie THIENEMANNs fußt auf einer methodisch modifizierten Philosophie des Lebens. Geistesgeschichtlich gründet die Ökologie THIENEMANNs in einer Frage, die den Grund des Lebendigen ermitteln will.

Daß die allgemeine Ökologie geisteswissenschaftliche Prämissen hat, war THIENEMANN selbst bewußt.

"Als ich einmal einem meiner biologischen Fachgenossen meine Gedanken über allgemeine Ökologie als Lehre vom Haushalt der Natur entwickelte, sagte er mir: 'Sie treiben mehr Geisteswissenschaft als Naturwissenschaft.' Mag sein! Der eine hat das Bedürfnis aus der Naturforschung zu einem einheitlichen Bild der lebenden Natur vorzustoßen. ... Der andre lehnt solche Gedankengänge ab als Metaphysik." [485]

Theoretische Biologie, als deren Bestandteil der Holismus und die daraus von THIENEMANN entwickelte allgemeine Ökologie im Rahmen dieser Arbeit besprochen wurde, ist nicht mit naturwissenschaftlich-biologischer Forschung gleichzusetzen[486]. Theoretische Biologie entspringt aus dem Bedürfnis der Wissenschaftler, ihre Wissenschaft nicht mehr nur als abstrakte geistige Tätigkeit zu verstehen, sondern sie mit einer Sinngebung zu versehen.

Ihre Grundfrage ist: Was ist das Ganze des Lebens? - getrennt von den wissenschaftlichen Fragestellungen. Diese Frage zielt ihrem Wesen nach - und diesem Nachweis sind die Ausführungen zur Vitalismus-Mechanismus-Kontroverse gefolgt - auf die Ermittlung einer Lebensursache, auf den Grund des Lebens schlechthin. Es ist aber in Bezug auf die Begründung der wissenschaftlichen Ökologie durch August THIENEMANN sehr wichtig, zwischen philosophischen Deutungen und wissenschaftlichen Fragestellungen zu unterscheiden, um den inneren Fortgang seines Wer-

---

483) ODUM 1983, Vorwort
484) Zum Aufschwung der wissenschaftsphilosophischen Deutungen, siehe RIEDL 1990, DITFURTH/FISCHER (1990), MEIER 1990, FISCHER 1989
485) THIENEMANN 1956 116
486) MAYR 1984

kes wie den der gesamten Ideologie zu verstehen. Denn nur aus dem Drang THIENE-
MANNs, den Hang des philosophischen Holismus zur Metaphysik[487] zu überwinden,
ist es zu erklären, daß THIENEMANN die holistische Auffassung in Ökologie und
Limnologie überführte. So stellt sich die allgemeine Ökologie THIENEMANNs als
Versuch dar, über Grundprinzipien - modern gesprochen Modellvorstellungen[488] - , die
sich aus den beiden Grundkategorien Leben und Umwelt entwickeln lassen, die Erscheinungswelt der Natur zu erschließen. Die moderne Theoretische Ökologie hat daher in THIENEMANN einen ihrer Väter. Denn auch die Theoretische Ökologie beginnt mit dem Entwurf von gedanklichen (Ideal-) Modellen, deren Validität und wissenschaftliche Stichhaltigkeit sie dann an der Wirklichkeit überprüft.

*These 4: Die biozönotischen Grundprinzipien THIENEMANNs sind das erste
theoretische Resultat der allgemeinen Ökologie*

THIENEMANN hatte die biozönotischen Prinzipien nicht rein induktiv ermittelt.
Modern gesprochen stellt das Biozönosekonzept ein Grundmodell eines Ökosyste-
mausssschnitts dar, das die Gleichgewichtsbedingungen des Systems formuliert:

"Die Existenz eines Organismus in einem Biotop setzt stets einen ganzen
Komplex von Faktoren voraus; dementsprechend kann sein Fehlen in einem
Biotop auf einem Fehlen eines dieser Faktoren beruhen. Welcher Faktor
oder welche Faktoren aus einem Gesamtkomplex der wirkenden Faktoren
im Einzelfall die Stärke der quantitativen Entfaltung eines Organismus an
einer Lebensstätte bestimmen, besagt das 'Wirkungsgesetz der Umweltfaktoren'."[489]

Darin stellt die THIENEMANNs Biozönotik, die "biologische Gemeinschaftsleh-
re"[490], die wissenschaftliche Grundlage der allgemeinen Ökologie dar. Das Wirkungsgesetz der Umweltfaktoren ist kein Naturgesetz im Sinne der Physik, sondern
bietet eine erkenntnisfördernde Handreichung an, die ebenso heuristischen Charakter
hat wie die aus der Idee des ganzheitlichen Naturhaushalts entwickelte Fundamental-
unterscheidung der Lebewelt in die drei großen Gruppen der Produzenten, Konsumenten und Destruenten.

Die Modifikation der allgemeinen Ökologie durch TANSLEY stellt dabei eine
formelle Weiterführung des THIENEMANNschen Systemgedankens dar, in der die
einzelnen Systembestandteile als gleichrangig zu behandelnde Faktoren - eben wie die
abstrakten Größen der Physik - behandelt werden. Hierbei ist freilich eine Ganzheit,
ein wirklicher Naturzusammenhang im Sinne THIENEMANNs unterstellt, den die
ökologische Wissenschaft auch an natürlichen Einheiten - den Seen - weiterent-
wickelte.

---

487) MEYER-ABICH spricht hier von Metabiologie, 1963 275
488) WISSEL 1989
489) THIENEMANN 1956,118
490) THIENEMANN 1956,118

These 5: Die Ökologie THIENEMANNs beginnt als Wissenschaft der Seen, weil darin die Ganzheitlichkeit einzelner Naturgebilde offensichtlich zu Tage tritt.

Die ökologische Limnologie ist die in die geographische Seenkunde eingeführte allgemeine Ökologie. Sie knüpft an die Erkenntnisse der traditionellen Seenkunde FORELs an und vereinigt die verschiedenen Wissenschaftsdisziplinen, also Geographie, Planktonkunde usw. synthetisch zu einer einheitlichen ökologischen Disziplin.

Damit nimmt die allgemeine Ökologie THIENEMANNs als empirische Forschung ihren Anfang. In den Seen liegen in sich geschlossene Einheiten vor, in denen wirkliches pflanzliches und tierisches Leben mit den abiotischen Faktoren einen systematisch erforschbaren Zusammenhang bilden. Zwar geht in der Ökologiegeschichte der Limnologie die Pflanzenökologie historisch voraus[491], doch ist hierin eben nur das pflanzliche Leben bei der Untersuchung ausschlaggebend. Gerade jedoch WARMINGs Pflanzenökologie zeigt, daß hier noch nicht die Gesamtheit der Lebenserscheinungen untersucht wird, wie es in der Limnologie der Fall ist.

Mit der Hinwendung der allgemeinen Ökologie zur Limnologie ist nun zugleich das Problem verbunden, die Grundprinzipien der allgemeinen Ökologie am Naturgegenstand selbst zu entwickeln.

These 6: Die Anwendung der Grundprinzipien der allgemeinen Ökologie auf die Limnologie führt zur Frage nach der ökologischen Substanz von Seen, zur Seentypenfrage.

Die drei Stufen der Limnologie stehen für ein erkenntnistheoretisches Programm der Ökologie, wobei der limnologische Faktor das eigentliche und letzte Erkenntnisziel der ökologischen Limnologie darstellt. Die Suche nach der Substanz des limnologischen Faktors bildet das Grundmotiv der Seentypenlehre. Mit der Seentypenlehre soll ein allgemeiner für alle Seen gleichermaßen gültiger Gesichtspunkt gefunden werden, der als regulatives Prinzip der Seen und ihrer Zusammensetzung gilt.

Es zeigt sich in der Diskussion um die ökologische Seentypologie THIENEMANNs konsequente Durchführung des holistischen Denkens am empirischen Material, die zum Produktionsproblem führt.

These 7: Die Produktionsbiologie erwächst aus dem Problem der Anwendung der allgemeinen Ökologie auf die Naturgebilde im Hinblick auf die begriffliche Fassung dessen, was als ökologische Einheit derselben gelten kann.

Die Rekonstruktion der Diskussion innerhalb der Seentypenlehre hatte ergeben, daß die biologische oder ökologische Einheit der Erscheinungswelt des Lebendigen sich im Begriff der Trophie der Seen zusammenfassen lasse. Aber die Trophie - als

---

491) WARMING 1902, CITTADINO 1980, McINTOSH 1974

Ernährungsstand der Seen - faßte nur die Voraussetzungen der sich entwickelnden Lebewelt, also der Produktion an biotischem Material und umgekehrt. Denn Stoffwechselkreislaufvorgänge setzen sich selbst voraus, d.h. dier Produktion bedingt Trophie, Trophie Produktion, ohne daß ein festes Verhältnis der beiden Größen existiert.

"Die 'Produktivität einer natürlichen Lebensstätte und ihre Produktion an organischer Substanz lassen sich quantitativ nicht fassen. Denn in ihnen liegen außer der Quantität (und Qualität) der Lebenserfüllung des Biotops auch die Intensität der in ihnen sich abspielenden Stoffkreislaufvorgänge." [492]

Meßbar waren immer nur einzelne Substanzkonzentrationen, Biomasse o.ä., denen die Vielfalt der Stoffwechselbeziehungen in ihrer holozönotischen Einheit letztlich nicht mehr anzusehen ist. Damit allerdings hatte THIENEMANN ein Kernproblem der ökologischen Wissenschaft formuliert, das sich letztlich in den Energiebetrachtungen der modernen Ökosystemforschung manifestiert.

These 8: Die Ökologie und Limnologie THIENEMANNs begründen damit die grundlegende und heute gültige Betrachtung von Naturgebilden im Hinblick auf ihren Stoffwechselhaushalt

Die Schwierigkeiten der Begriffsbestimmung von Produktion lassen sich aus der Definition der Biozönose als eines in sich selbst regulierenden und regulierten Systems begrifflich herleiten. Denn die Definitionsversuche der biologischen Produktion erwachsen nicht aus dem Bedürfnis, Biomassen zu messen oder Freßraten zu errechnen, sondern daraus eine Kategorie zu finden, die die holistische Einheit gleichsam sicht- und damit meßbar macht. Diese Kategorie sollte das Zusammenwirken aller Faktoren, die unterschiedlichsten Wechselwirkungen innerhalb eines Biosystems als Wirkung desselben wie als Bewirktes umfassen.

Der wissenschaftliche Ausdruck für die ökologisch-holistische Forschung ist das Energiekonzept, das THIENEMANN durch die Produktionsbiologie mit vorbereitet hatte. Denn mit Energie wird in der Ökosystemforschung Wirkung wie Voraussetzung des Systems bezeichnet. Energie ist die zur meßbaren Größe avancierte Eigenschaft des Systems, sich selbst zu erhalten; denn sie wird vom System produziert und zugleich von ihm wieder verbraucht. Sie stellt also die terminologische Einheit von Trophie und Produktion dar. Die Berechnung der Energie gibt das Maß der Fähigkeit eines Systems an, sich selbst zu reproduzieren. Allerdings ist diese Berechnungsart identisch damit, die ökologische Einheit auf einen Faktor zu reduzieren, der - und hierin zeigt sich THIENEMANNs Weigerung, Ökosysteme zu quantifizieren, als triftig - seinerseits der Interpretation bedarf.

These 9: Die ökologische Tiergeographie THIENEMANNs und die selektionstheoretische Tiergeographie steht in einer Differenz zum Darwinismus, einer Differenz, deren Aufhebung heute diskutiert wird.

---

492) THIENEMANN 1956,98

Die im Rahmen der ökologischen Ausdeutung evolutionstheoretischer Ergebnisse entstandene "evolutionary ecology", die auch der sog. synthetischen Evolutionstheorie[493] zugrunde liegt, hat in der wissenschaftsgeschichtlichen Interpretation das Bedürfnis entstehen lassen, DARWIN als Begründer der ökologischen Denkens zu reklamieren. Nun läßt sich an THIENEMANNs Tiergeographie zeigen, daß die Verbreitung der Arten durch die Ökologie sehr gut erklärbar ist, daß aber die Erklärung der Artenentstehung auf zufallsbedingte Ereignisse der Erbanlagenmodifikation, also auf nicht geplante Mutationen des Genmaterials, zurückgreifen muß. Die Artenentstehung bedarf also beider Faktorbündel, der zufallsbedingten und kausal bestimmbaren. Beide Ansätze widersprechen sich also nicht, sondern bilden in der modernen Biogeographie eine Einheit. THIENEMANN selbst hatte beispielsweise der Rolle des Zufalls in der Erstbesiedelung unbewohnter Räume einen hervorragenden Rang eingeräumt und zugleich den Zufall als wissenschaftliches Erkenntnisprinzip, das er der selektionstheoretischen Tiergeographie zugrunde gelegt glaubte, zurückgewiesen. Es ist gezeigt worden, daß dieser Kritik THIENEMANNs eine Verwechslung von ideologischer Anschauung und wissenschaftlicher Erklärung zugrunde liegt. Gleichwohl ist, abgesehen von diesem Quidproquo, die Verbreitungsökologie THIENEMANNs neben HESSEs Tiergeographie ein grundlegendes Werk der modernen Biogeographie geblieben, weil THIENEMANN eventuelle ideologische Differenzen zum Darwinismus und wissenschaftliche Tätigkeit immer strengstens voneinander unterschied.

These 10: Betrachtet man THIENEMANNs Lebenswerk als in sich kohärente Einheit aller einzelnen Werkteile, so lassen sich daraus allgemeine Schlußfolgerungen auf die Entstehung und weitere Entwicklung der gesamten Ökologie ziehen.

Folgte die Arbeit der Beweisabsicht, das Werk August THIENEMANNs als Schnittpunkt unterschiedlicher Entwicklungen von der angewandten Ökologie über die holistische Philosophie bis hin zur modernen Biogeographie darzustellen, so hat sich dabei gezeigt, daß in THIENEMANNs Werk zugleich die Entstehung der Ökologie und Limnologie als eigenständige Wissenschaft lebendig ist. Denn die von THIENEMANN behandelten Themenkreise und Problemfelder verweisen immer wieder auf diejenigen, die die Ökologie beschäftigten. Es sollte damit zugleich der Intention Ausdruck verliehen werden, die THIENEMANN auf seinem wissenschaftlichen Lebensweg mit der Ökologie selbst verband:

"Solche Ökologie ist eine ausgesprochen aufbauende Wissenschaft: synthetisch in erster Linie ihrem Wesen nach, die Totalität des Seins erfassend, zeitnahe, naturnahe, von höchster Wichtigkeit für die Erkenntnis und noch mehr für die Praxis." [494]

---

493) DZWILLO 1978
494) THIENEMANN 1956,127

Zusammenfassung

August THIENEMANN zählt zu den Gründungsvätern der allgemeinen Ökologie und ökologischen Limnologie. An seinem Lebenswerk läßt sich also die theoretische Grundlegung dieser beiden Disziplinen nachvollziehen. Die vorliegende Arbeit entwickelt und beweist am Werk August THIENEMANNs einige grundlegende Thesen, die für die theoretische Befassung mit der Geschichte der Ökologie wesentlich sind und die Gegenstand des letzten Kapitels sind. Im folgenden sei eine kurze Zusammenfassung der Arbeit geboten.

1. Erste Bekanntschaft mit einer ökologischen Vorgehensweise machte August THIENEMANN als Student, vor allem durch den Biologen R. LAUTERBORN. Dieser noch sehr der Liebe zur Natur verhaftete ganzheitliche Gesichtspunkt wirkte bereits während der Studienjahre auf seine wissenschaftliche Arbeitsweise ein.

2. In seiner Tätigkeit als Fischerei- und Abwasserbiologe in Münster wurde THIENEMANN mit der zunehmenden Naturzerstörung konfrontiert. Anhand der Entwicklungsgeschichte der Abwasserfrage wird zum einen gezeigt, daß die Vernichtung von Natur durch rücksichtslose Industrialisierung hervorgerufen wird und zum anderen, daß die Naturzerstörung Auswirkungen auf alle Bereiche des gesellschaftlichen Lebens hat. Die wissenschaftlich-biologische Antwort auf die Umweltproblematik war die angewandte Ökologie, Abwasser- und Fischereibiologie deren erste Gebiete.

3. Als verantwortungsbewußter Wissenschaftler ergriff THIENEMANN für die Naturerhaltung Partei. Ökologie wurde von ihm nicht allein als Wissenschaft mit kompensatorischen Aufgaben, sondern als gesellschaftliches Korrektiv verstanden. Sein Vorschlag, die Ökologie zum Bestandteil der Volksbildung zu machen, ist erst sehr spät in die Lehrpläne eingegangen. Zwar hatte die Aufnahme der Ökologie in den Unterricht bereits der Pädagoge JUNGE gefordert, dieser allerdings wollte die biozönotische Lebensgemeinschaft vorwiegend aus didaktischen Erwägungen heraus als Unterrichtsgegenstand. THIENEMANN sollte im Lichte der modernen Ökopädagogik als früher Vorläufer einer wissenschaftlich geläuterten Biologiedidaktik begriffen werden, der ein Engagement für die Natur nicht mit Naturliebe allein, sondern auch mit vertiefter Naturerkenntnis erreichen will.

4. Die allgemeine Ökologie THIENEMANNs war aber nicht allein der angewandten Ökologie und dem Engagement für die Natur entsprungen. Eine philosophische Vertiefung und Begründung erreichte die allgemeine Ökologie im Rahmen der sog. Theoretischen Biologie. Die Theoretische Biologie war und ist ihrem Wesen nach philosophisch orientierte Ausdeutung, die sich an der Frage nach dem Grund und Sinn des Lebens orientiert, wie sie an der grundlegenden Kontroverse Vitalismus-Mechanismus entwickelt wurde. Aus dieser Diskussion ging der Holismus als kritischer Antipode des Holismus hervor. Daß eine dem Kreis der Naturwissenschaften zuzurechnende Wissenschaft überhaupt philosophische Grundlagen hat, ist dem Umstand zu zurechnen, daß die Ökologie THIENEMANNs nicht aufgrund eines neuen, bislang unentdeckten Gegenstandes, sondern aufgrund einer Methode zustande kam, die ihre Elementarform im Ganzheitsprinzip hat. Dabei hatte THIENEMANN dieses ursprünglich philosophische Prinzip des Holismus - also die ganzheitliche Sichweise - in die Biologie übertragen, und damit zu dessen Verwissenschaftlichung beigetragen. Der Verwissenschaftlichungsprozeß der allgemeinen Ökologie war von einer Auseinandersetzung THIENEMANNs mit Max HARTMANN begleitet, denn die philosophische Deutung und wissenschaftliche Kausalerklärung waren in den ursprünglichen Konzeptionen THIENEMANNs teilweise vermengt. Es gehört mit zu THIENEMANNs großen Verdiensten, trotz aller Verurteilungen seitens der sog. experimentellen Biologie, daß die Ökologie ihre metaphysisch-spekulativen Momente zugunsten wissenschaftlicher Forschung abgelegt hat.

5. Ernst HAECKEL, von dem der Ausdruck Ökologie stammt, hatte selbst noch keine wissenschaftlich-systematische Darstellung der Ökologie und wissenschaftliche Methode für sie entworfen. Erst in der holistisch geprägten allgemeinen Ökologie THIENEMANNs war die Ökologie zur systematischen und methodischen Reife gebracht worden. Sie geht vom einzelnen Organismus und seiner zweckmäßigen Anpassung an die Umwelt, der Autökologie, aus und führt dann zur Synökologie über. Zentral für die Entwicklung der Synökologie ist dabei die Konzeption der Biozönose, deren Prinzipien THIENEMANN im Anschluß an MÖBIUS entwickelt hat.

6. Die ökologische Limnologie nun stellt eine Anwendung der Prinzipien der allgemeinen Ökologie auf das Leben in den Binnengewässern dar. An ihr zeigt sich endgültig, daß sich die Ökologie als synthetische Zusammenfassung aller wissenschaftlichen Methoden und Ergebnisse, die sich auf Binnengewässer beziehen, wie geographische Seenkunde, Planktonkunde, usw. von ihren philosophisch-spekulativen Wurzeln emanzipiert hat. Anhand der ökologischen Seenkunde entwickelt THIENEMANN auch die drei wesentlichen Erkenntnisstufen der Ökologie: die idiographische, die cönographische und die limnologische Stufe.

Die begriffliche Füllung der limnologischen Stufe, die die ganzheitliche Einheit der Seen als ihnen eigentümliche Qualität zur Darstellung bringen will, führt zur Seetypenfrage, die die ökologisch-limnologische Diskussion lange Zeit beschäftigt hat. THIENEMANN hat auf empirischem Weg die Seetypenlehre durch die Untersuchung der Eifeler Maare begründet. Am Ende dieser Diskussion steht die Einsicht, daß der Trophiegrad das für die Seetypen entscheidende Kriterium ist.

8. Die Untersuchung der tropischen Seen, die THIENEMANN zusammen mit dem Lunzer Limnologen RUTTNER durchführte, unterstrich die Bedeutung der Produktionsbiologie für die Seetypenlehre und schuf damit die Voraussetzung dafür, daß in der modernen Limnologie die Untersuchung von Stoffwechselbeziehungen und dem Energiehaushalt zum zentralen wissenschaftlichen Anliegen geworden ist.

9. Einen weiteren Wendepunkt in der Ökologiegeschichte markiert die Konzeption des Ökosystems A.G. TANSLEYs. Dieser formulierte eine strengere funktionalistische Ausdeutung des bei THIENEMANN ganzheitlich verstandenen Ökosystems. Diese funktionalistische Deutung eröffnete die sog. Mathematisierung der Ökologie. Mit ihr waren abstrakte Größen als Ökosystembestandteile einzuführen, und Ökosystemmodelle auf Grundlage der Theorie sich selbst erhaltender Systeme herzustellen. So hielt - wie in anderen Wissenschaften auch - Kybernetik und Systemtheorie Einzug in die Ökologie und Limnologie.

10. Ein letztes Kapitel widmet sich THIENEMANNs Tiergeographie. Sie ist die Weiterentwicklung der tiergeographischen Wissenschaft zur ökologischen Wissenschaft. In der Verbreitungsökologie wird die Verbreitung als Resultat der Lebensbedingungen kausal zu erklären versucht und dabei die zufallsorientierte selektionstheoretische Tiergeographie, wie sie teilweise bei WALLACE und DARWIN noch vorherrscht, überwunden.

11. Zum Abschluß der Arbeit werden die wesentlichen Thesen der Arbeit in einer Zusammenstellung erörtert.

Literaturverzeichnis

ABERG, B. und RODHE, W. (1942): Über die Milieufaktoren in einigen südschwedischen Seen. Symbolae Botanica Upsaliensis,5.

ADAMS,C.C.(1935): The relation of general to human ecology.- Ecology 16. 316-335

ALLEE,W.C./EMERSON,A.E./PARK,O. et al.(1949): Principles of Animal Ecology. Philadelphia/London

ALM, G. (1922): Medd. fran. K.lantbruksstyrelsen. Stockholm 8

ALVERDES, F. (1932): Die Ganzheitsbetrachtung in der Biologie. Gesellsch. z. Beförd. d. ges. Naturwiss. 67. Marburg

ALVERDES, F. (1935): Die Totalität des Lebendigen. Leipzig.

APSTEIN, C. (1896): Das Süßwasserplankton. Methode und Resultate der quantitativen Untersuchung. Kiel/Leipzig.

Ausgewählte Methoden der Wasseruntersuchung (1975) Bd.II Biologische, mikrobiologische und toxikologische Methoden. Jena

BARNER, J. (1987): Hydrologie. Heidelberg/Wiesbaden.

BECKER, M. (1989): Einsamer Bach im Mittelgebirge ist das am besten erforschte Gewässer. Bericht über Station in Schlitz.in VDI, 21.7.1989. 19.

BEER, W./DE HAAN, G. (1984): Ökopädagogik: Aufstehen gegen den Untergang der Natur. Weinheim/Basel.

BERTALANFFY, L.v. (1932): Theoretische Biologie. Bd.1. Berlin.

BERTALANFFY, L.v. (1973): General System Theory. Harmondsworth.

BIRGE, E.A. (1895): The vertical distribution of the pelagic Crustacea during July 1894. Plankton-Studies on Lake mendota I. The Transactions of the Wisconsin Academy of Sciences, Arts and Letters. Vol. 10.

BIRGE, E.A. (1897): Plankton Studies on the Lake Mendota: II, The Crustacea of the Plankton from July, 1894, to December, 1896. Trans. Americ. micr. Soc., 25: 5-33

BIRGE, E.A. (1904): The thermocline and its biological significance. Trans. Americ. micr. Soc., 35; 143-163

BIRGE, E.A. (1907): The respiration of an inland lake. Trans. Am. Fish. Wash., 28; 1275-1294

BIRGE, E.A. (1910): An Unregarded factor in Lake Temperatures. Trans. Wis. Acad. Sci. Arts Lett., 16. 1006-1016.

BIRGE, E.A. (1910): On the evidence for temperature seiches. - Trans. Wis. Acad. Sci. Arts. Lett. 16. 1005-1016.

BIRGE, E.A. (1913): Absorptions of Sun's Energy by Lakes. Science, 38 (985): 337-351

BIRGE, E.A. (1922): A second Report on Limnological apparatus. Trans. Wis. Acad. Sci. Arts Lett. 20: 533-552

BIRGE, E.A. (1940): Reply to addresses delivered in his honor, published under the title Edward A. Birge, teacher and scientist. University of Wisconsin Press, Madison. Wis. Pp. 32.-48.

BIRGE, E.A./ JUDAY, C. (1911): The inland lakes of Wisconsin: The dissolved gases of the water and their biological significance. Wisc. Geol. and nat. Hist. Survey, 22 (Sci. Ser. 7)

BOCKING,S.(1990): Stephen Forbes, Jacob Reighard, and the Emergence of Aquatic Ecology in the Great Lakes Region. - Journal of the History of Biology, vol.23, no. 3 (Fall 1990), pp. 461-498. 461

BONNE, G. (1901): Die Notwendigkeit der Reinhaltung der deutschen Gewässer. Leipzig.

BÖHME,G./GREBE,J.(1980): Soziale Naturwissenschaft - In: BÖHME,G. (1980): Alternativen der Wissenschaft. Frankfurt/Main.

BRAUER, A. (1911): Tiergeographie und Abstammungslehre. Aus: Die Abstammungslehre. Zwölf gemeinverständliche Vorträge über die Deszendenztheorie im Licht der neueren Forschung. Jena.

BROCK, F. (1934): Stellung und Bedeutung der autonomen Biologie und Umweltforschung im Rahmen der hierarchischen Pyramide der Wissenschaften. - Sudhoffs Archiv 27. 467 pp.

BRÖNSTEDT, J.N./WESENBERG-LUND, C. (1912): Chemisch-physikalische Untersuchungen der dänischen Gewässer nebst Bemerkungen über ihre Bedeutung für unsere Auffassung der Temporalvariation. - Int. Rev. der ges. Hydrobiol. u. Hydrogeograph. IV. 251-290, 437-492

BRUNDIN, L. (1956): Die bodenfaunistischen Seetypen und ihre Anwendbarkeit auf die Südhalbkugel. Zugleich eine Theorie der produktionsbiologischen bedeutung der glazialen Erosion. - Institute of Fresh water research. Drottningholm Report No.37. Lund. 186-235

BURKAMP, W. (1929): Die Struktur der Ganzheiten.

BURKAMP, W. (1938): Wirklichkeit und Sinn.

CHISHOLM,A.(1972): Philosophers of the Earth: Conversations with Ecologists

CITTADINO, E. (1980): Ecology and the professionalization of botany in America. Stud. Hist. Biol. 4. 171-198

COLEMAN,W.(1986): Evolution into Ecology? The Strategy Warmings's Ecoloical Plant Geography. - Journal of the History of Biology, Vol. 19, No. 2. 181-196.

COLLINS,J.P.(1986): Evolutionary Ecology an the Use of Natural Selection in Ecological Theory. - Journal of the History of Biology, Vol. 19, No.2257-288

COLLINS,P.C., BEATTY,J. MAIENSCHEIN, J.: Introduction: Between Ecology and Evolutionary Biology. - Journal of the History of Biology, Vol. 19. No. 2. (Summer 1986) 169-180.

CREDNER, R. (1887): Die Reliktenseen. Eine physisch-geographische Monographie. Petermanns Mitt. - 1. Ergänzungsheft 86, 1887; 2. Ergänzungsheft 89, 1888.

CRICK, F. (1970): Von Molekülen und Menschen. München.

DAHL, F. (1904): Kurze Anleitung im wissenschaftlichen Sammeln. Leipzig.

DAHL, F. (1910): Anleitung zu zoologischen Beobachtungen. Leipzig.

DAHL, F. (1911): Die biocentrische Forschung. - Zool. Anzeiger. Bd. XXXVIII N.16/17 v. 17.10.1911 393-395

DAHL, F. (1920): Der heutige Stand der Darwinschen Theorie. - Die Umschau. XII.Jg. Nr. 25

DAHL, F. (1921a): Grundlagen einer ökologischen Tiergeographie. Jena

DAHL, F. (1921b): Die Trutzfarbenlehre. - Zool. Anzeiger Bd. LIII Nr 11/13

DANA (1853): On the classification and geographical distribution of Crustacea. Philadelphia.

DARWIN, C. (1980): Die Entstehung der Arten durch natürliche Zuchtwahl. Leipzig.

DAVIS, W.M. (1880): On the Classification of Lake Basins. Proc. Boston Soc.nat.Hist. 21, 1880-1882; 315-381.

DE SAUSSURE, H.B. (1779): Voyages dans les Alpes, precedes d'un essai sur l'histoire naturelle des environs de Genève. Neuchatel.

DECKSBACH, N.K. (1929): Klassifikation der Gewässer vom astatischen Typus. - Arch. f. Hydrobiol. XX 399-406

DEMOLL, R. (1927): Betrachtungen über Produktionsberechnungen. - Arch. f. Hydrobiol. XVIII. 460-463.

DITFURTH,H.v./FISCHER,E.P. (1990)(Hrsg.): Mannheimer Forum 89/90. München.

DOFLEIN, F. (1911): Die Stellung der modernen Naturwissenschaft zu Darwins Auslesetheorie. - Die Abstammungslehre. Zwölf gemeinverständliche Vorträge über die Deszendenztheorie im Licht der neueren Forschung. Jena. 132-150

DRIESCH, H. (1935): Die Maschine und der Organismus. Leipzig.

DRIESCH, H. (1941): Biologische Probleme höherer Ordnung. Leipzig.

DUNBAR, W.P. (1954): Leitfaden für die Abwasserreinigungsfrage. München

DZWILLO, M. (1978): Prinzipien der Evolution. Stuttgart.

EGERTON,F.N.(1963): The Birge-Juday Limnological Collection. - Wis. Acad. Rev., 10: 105-107.

EGERTON,F.N.(1977): A bibliographic guide to the history of general ecology an population ecology. - Hist. sci. 15:189-215

EGERTON,F.N.(1983): The History of Ecology.- Journal of the History of Biology. Vol.16, no. 3.pp 311-342

EGERTON,F.N.(1983): The History of Ecology: Achievements and Opportunities. Journal of the History of Biology, Vol.16, No.2. 259-310

EKMAN, S. (1936): Die Methodik der Tiergeographie des Süßwassers. Abderhaldens Handbuch der biolog. Arbeitsmethoden. Abt. IX, Teil 2/II 1209-1248

ELLENBERG, H. (Hrg.) (1973): Ökosystemforschung. Berlin/Heidelberg/New York

ELSTER, H.J. (1954): Einige Gedanken zur Systematik, Terminologie und Zielsetzung der dynamischen Limnologie. - Arch. Hydrobiol. Suppl. Bd.XX. Falkau-Schriften I.

ELSTER, H.J. (1956): Einige Gedanken zum weiteren Ausbau des Seetypensystems. Zeitschrift für Fischerei und deren Hilfswissenschaften. - Sonderdruck aus Band V.N.F. Heft 7/8

ELSTER, H.J. (1958). Lake classification, production and consumption. Das limnologische Seetypensystem, Rückblick und Ausblick. - Verh. internat. Ver. Limnol XIII. 101-120.

ELSTER, H.J. (1958): Lake classification, production and consumption. Das limnologische Seetypensystem, Rückblick und Ausblick. - Verh. internat. Ver. Limnol. XIII 101-120 Stuttgart.

ELSTER, H.J. (1962): Stoffkreislauf und Typologie der Binnengewässer als zentrale Probleme der Limnologie. - Die Naturwissenschaften. Heft 3. 49-55.

ELSTER, H.J. (1963): Der Einzelne und die Gemeinschaft. - Sonderdruck aus Freiburger Dies Universitas. Band 10. 1962/63. Freiburg i. Breisgau.

ELSTER, H.J. (1974a): History of limnology. - Mitt. Internat. Verein. Limnol. Stuttgart Juni 1974 20. 7-30

ELSTER, H.J. (1974b): Trends in limnology. - Mitt.Internat.Verein. Limnol. 20 322-323. Stuttgart.

ELSTER, H.J. (1989): Humanökologie als Aufgabe für Natur- und Geisteswissenschaften. Bericht von der GVW-Tagung, Universität Freiburg 21.-23-10 1988. Hrg. H.J. ELSTER Stuttgart.

EMLEN,J.M.(1973): An Evolutionary Approach. Massachusets.

FALKENHAUSEN, E. (1991): Zum Biologieunterricht in den Neunziger Jahren. - Biologie heute. Hrg. Verb. Deutsch. Biolog. April 1991. Nr 385

FEUERBORN,J.(1932): Das Decennium 1907-1917 hydrobiologischer Aufbauarbeit August Thienemanns. - In: Festschrift zum 50. Geburtstag von Prof. Dr. August Thienemann. Überreicht von seinen Freunden und Schülern. 7.September 1932. Unveröffentlichtes Manuskript aus dem Teil des Nachlasses, der bei Fr. Dr. K. PFÖRRINGER hinterlegt ist.

FINDENEGG, I. (1937): Holomiktische und meromiktische Seen -Internat. Rev. d. ges. Hydrobiol. und Hydrograph. 35, 586-610.

FINDENEGG, I. (1940): Die Planktonproduktion im oligotrophen und eutrophen See. Internat. Rev. der ges. Hydrobiol. und Hydrograph.40, 197-207.

FINDENEGG, I. (1942): Die Bedeutung des Nährstoffgehalts der Seen für die Menge und Art des Planktons. - Der Biologe Jg. XI. Heft 5/6 432 pp.

FISCHER,J.(1989)(Hrsg.): Ökologie im Endspiel. München

FITTKAU, E.J. (1982): Unveröffentliche Rede zur 100-Jahr Feier August THIENEMANN. Gehalten am 21. September 1982

FORBES,S.A. (1887): The lake as a microcosm. - Bull. Peoria (Illinois) Sci. Ass. 77-87.

FORBES,S.A.(1922): The humanizing of ecology. - Ecology 3. 89-92.

FOREL, F.A. (1880): Températures lacustres. Recherches sur la température du lac Leman et d'autres lacs d'eau douce. -Arch. Sci. phys. nat. Genéve, III. Pér., 3; 501-515.

FOREL, F.A. (1892): Le Léman. Monographie limnologique. Lausanne. Drei Bände. Bd.1: 1892, Bd.2: 1895. Bd.3: 1904

FOREL, F.A. (1901): Handbuch der Seenkunde. Stuttgart.

FRANCÉ, R.H. (1909): Die Kleinwelt des Süßwassers. Leipzig.

FRANZ, H. (1953): Dauer und Wandel der Lebensgemeinschaften. - Schriften des Vereins zur Verbreitung naturwissenschaftlicher Kenntnisse in Wien. Bericht über das 93. Vereinsjahr 1952/53, 27-45.

FREY,D.G.(1963): Limnology in North America. Madison.

FRIEDERICHS, K. (1934): Vom Wesen der Ökologie. Sudhoffs Arch. 27. 277-285

FRIEDERICHS, K. (1937): Ökologie als Wissenschaft von der Natur. Leipzig.

FRIEDERICHS, K. (1954): Die Selbstgestaltung des Lebendigen. München/Basel.

GAJL, K. (1924): Über Zwei faunistische Typen aus der Umgebung von Warschau aufgrund von Untersuchungen von Phyllopoda und Copepoda (excl. Harpacticidae). - Bull. Acad. Polon. d. Sc. et d. Lettres. Cl. d. Sc. Math. et Nat. Ser. b: Sc. Nat.

GEBHARD,U. (1991): Nachdenklichkeit und Muße. - Biologie heute. Hrg.: Verb. Deutsch. Biolog. Mitteil. 4/91

GLOCKNER, H. (1968): Die europäische Philosophie von den Anfängen bis zur Gegenwart. Stuttgart.

GORZ, A. (1977): Ökologie und Politik. Reinbek bei Hamburg.

GOULD,J. (1984): Darwin nach Darwin. Frankfurt a.M./Berlin/Wien

GÖTZ,E./KNODEL,H.(1980): Erkenntnisgewinnung in der Biologie dasrgestellt an der Entwicklung ihrer Grundprobleme. Stuttgart.

HALBFASS, W. (1922): Die Seen der Erde. Petermanns Mitteilungen Erg. Heft 185

HALBFASS, W. (1923): Grundzüge einer vergleichenden Seenkunde. Berlin.

HARPER,J.L.(1967): A Darwinian Approach to Plant Ecology. - J. Ecology, 55, 247-270.

HARTMANN, M. (1948): Die philosophischen Grundlagen der Naturwissenschaften. Jena.

HARTMANN, M. (1956): Einführung in die allgemeine Biologie und ihre philosophischen Grund- und Grenzfragen. Berlin.

HASELHOFF, E. (1909): Wasser und Abwässer. Leipzig.

HASLER (1945): This is the Enemy. Science, 102: 431.

HASLER (1964): Experimental Limnology. BioSci, 14, 36:38,

HENSEN, V. (1887): Über die Bestimmung des Planktons oder des im Meere treibenden Materiales an Pflanzen und Tieren.- Ber. Komm. wiss. Unters. dt. Meere 5, 1-109. Kiel.

HERIBERT-NILSON (1941): Der Entwicklungsgedanke und die moderne Biologie. Leipzig.

HERRMANN, R. (1977): Einführung in die Hydrologie. Stuttgart.

HERTER, K. (1950): Vergleichende Physiologie der Tiere. Bd.I. Stoff- und Energiewechsel. Berlin.

HESSE, R. (1918): Abstammungslehre und Darwinismus. Leipzig Berlin.

HESSE, R. (1924): Tiergeographie auf ökologischer Grundlage. Jena.

HESSE, R./DOFLEIN, F. (1910): Tierbau und Tierleben. Leipzig und Berlin. Zwei Bände.

HOPPE-SEYLER, F. (1895): Über die Verteilung absorbierter Gase im Wasser des Bodensees und ihre Beziehung zu den in ihm lebenden Tieren und Pflanzen. - Schr. Ver. Gesch. Bodensee und seine Umgebung.

HÖLDER, H. (1989): Naturgeschichte des Lebens. Berlin Heidelberg New York.

HUITFELDT-KAAS, H.(1906): Plankton norwegischer Gewässer. Christiania (Oslo).

HUTCHINSON, G.E. und LÖFFLER, H. (1956): Proc. Nat. Acad. Sci. (Wash.) 42, 84-86

HYNES, H.B.N. (1960): The Biology of the Polluted Waters. Liverpool.

ILLIES, J. (1973): Einführung: Umwelt und Anpassung. In: ILLIES, J./ KLAUSEWITZ, W.(Hrg.): Unsere Umwelt als Lebensraum. Zürich.

ILLIES, J./SCHWABE (1959): Limnologie und Ökologie. Biolog. Zentralbl.,78.

JACOBI, A. (1904): Tiergeographie. Leipzig.

Jahresbericht des Fischerei-Vereins für Westfalen und Lippe für das Jahr 1909/10

JUNGE, F. (1907): Der Dorfteich als Lebensgemeinschaft. Kiel und Leipzig.

KILLERMANN, W. (1986): Biologieunterricht heute. Eine moderne Fachdidaktik. Donauwörth.

KINGSLAND,S.E.: Modeling Nature: Episodes in the History of Population Ecology (Chicago 1985).

KLÄMBT,D./KREISKOTT,H./STREIT,B. Hrg.(1991): Angewandte Biologie. Weinheim,New York, Basel,Cambridge.

KLÖTZLI, F. (1986): Einführung in die Ökologie. Stuttgart.

KNAUTHE, K. (1907): Das Süßwasser. Chemische, biologische und bakteriologische Untersuchungsmethoden unter besonderer Berücksichtigung der Biologie und der fischereiwirtschaftlichen Praxis. Neudamm.

KOLKWITZ, R./MARSSON, M. (1902): Grundsätze für die biologische Beurteilung des Wassers nach seiner Flora und Fauna. Kl. Mitt. d. königl. Prüfungsanstalt f. Wasseversorgung und Abwässerbeseitigung 1, 33-72.

KOLKWITZ, R./MARSSON, M. (1908): Ökologie der pflanzlichen Saprobien. - Berichte der Deutschen Botanischen Gesellschaft. Jahrgang 1908 Band XXVIa, Heft 7

KOLKWITZ, R./MARSSON, M. (1909): Ökologie der tierischen Saprobien. Internationale Revue der gesamten Hydrobiologie und Hydrographie, Band II,.126-152

KÖNIG, J. (1887): Die Verunreinigung der Gewässer. Berlin.

KUHN, T.S. (1967): Die Struktur wissenschaftlicher Revolutionen. Frankfurt/Main.

KÜPPERS,G./LUNDGREEN,P./WEINGART,P.(1978): Umweltforschung - die gesteuerte Wisssenschaft? Frankfurt/Main.

LAMARCK, J. (1903): Zoologische Philosophie. Leipzig.

LAUTERBORN, R. (1938): Der Rhein. Naturgeschichte eines deutschen Stromes. 3 Bde. Bd. I Ludwigshafen am Rhein.

LENZ, F. (1931): Der synthetische Aufbau der Limnologie und seine Folgen.- Congreso internacional de Oceanogafia, hidrografia marina e hidologia continental, de Sevilla, Madrid

LENZ, F. (1933): Das Seetypenproblem und seine Bedeutung für die Limnologie. - IV. Hydrologische Konferenz der Baltischen Staaten. Leningrad.September 1933

LEPS, G. (1980): Problemgeschichtlich-philosophische Analyse der aquatisch-ökologischen Wissenschaftszweige unter bessonderer Berücksichtigung des Lebenswerkes von Karl August Möbius und August Thienemann. - Dissertation zur Erlangung des akademischen Grades doctor scientiae philosophiae an der Humboldt-Universität zu Berlin.

LEPS, G. (1986): Einführung zu Karl August MÖBIUS: "Die Auster und die Austernwirtschaft" 1877 Leipzig. 8-36

LEYDIG, F. (1860): Naturgeschichte der Daphniden. Tübingen.

LINDEMAN, R.L. (1942): The Trophic-dynamic Aspect of Ecology. - Ecology 23. Nr.4 399-417

LINSE, U. (1986): Ökopax und Anarchie. München. Literaturverzeichnis

LUNDBECK, J. (1926): Die Bodentierwelt norddeutscher Seen. - Arch. Hydrobiol. Suppl. 7: 1-473.

LUNDBECK, J. (1932): Die Frage der Ertragsänderungen in der Fischerei als Zentralproblem der Fischereibiologie. - Festschrift zum 50. Geburtstag von Prof. Dr. August Thienemann. Überreicht von seinen Freunden und Schülern. 7.September 1932. Unveröffentlichtes Manuskript aus dem Teil des Nachlasses, der bei Fr. E. PFÖRRINGER hinterlegt ist. 65-74.

MAYR,E.(1984): Die Entwicklung der biologischen Gedankenwelt. Vielfalt, Evolution und Vererbung. Berlin/Heidelberg/New York/Tokyo.

McINTOSH,R.(1985): The Background of Ecology. Cambridge, 26

MEIER,H.(1990)(Hrsg.): Die Herausforderung der Evolutionsbiologie. München/Zürich.

MEYER, A. (1934): Ideen und Ideale der biologischen Erkenntnis. Leipzig.

MEYER-ABICH, K.M. (1989): Der Holismus im 20. Jahrhundert. - Klassiker der Naturphilosophie (Hrg.: BÖHME,G.) München. 313-331.

MEYER-ABICH,A.(1963): Geistesgeschichtliche Grundlagen der Biologie. Stuttgart.

MORTIMER, C.H. (1956): E.A. BIRGE. An Explorer of Lakes. - G.C. SELLERY (1956): E.A. BIRGE. Madison.

MÖBIUS, K. (1877): Die Austern und die Austernwirtschaft. Berlin 1877.

MÜLLER, P. (1980): Biogeographie. Stuttgart.

NAUMANN, E. (1917): Undersökningar öfver fytoplankton och under den pelagiska regionen försig gaende gyttje - och dybildnungar inom vissa syd - och mellansvenska urbergsvatten. - Kungl. Svenska Vetenskapsacademiens Handlingar 56 (6).

NAUMANN, E. (1931): Limnologische Terminologie. - Abderhaldens Handbuch der biologischen Arbeitsmethoden Abt. IX,8. Berlin-Wien.

NAUMANN, E. (1932): Grundzüge der regionale Limnologie. - Die Binnengewässer Bd. XI. Stuttgart.

ODUM, E.P. (1983): Grundlagen der Ökologie. 2 Bde. Stuttgart.

OHLE, W. (1952): Die hypolimnische Kohlendioxid-Akkumulation als produktionsbiologischer Indikator. - Arch. f. Hydrobiol. 46. 153-285

OHLE, W. (1953): Der Vorgang rasanter Seenalterung in Holstein. - Die Naturwissenschaften. Jahrgang 40 Heft 5. 152-162

OLSCHOWY, G. (1983): Veränderungen des Oberrheins als Typus eines Fließgewässers. - DAHLHOFF,T. (Hrg.) (1983): Mensch und Umwelt. 1.Band. Frankfurt/Main 145-148

ORTMANN, A.E. (1896): Grundzüge der marinen Tiergeographie. Jena.

OVERBECK, J. (1985): 70 Jahre Seetypenlehre. Gedenktafel für August THIENEMANN. - Naturwissenschaftliche Rundschau 38. Jahrg. Heft 2.

OVERBECK, J. (1989): PLÖN - History of limnology, foundation of SIL and development of a limnological institute. - Limnology in the Federal Republic of Germany. Plön. 61-65.

OVERBECK,J. (1989): Eröffnungsvortrag zum SIL in München am 14.8.1989 (Unveröffentlicht)

PENCK, A. (1882): Die Vergletscherung der Deutschen Alpen, ihre Ursachen, periodische Wiederkehr und ihr Einfluß auf die Bodengestaltung. Leipzig.

PESCHEL, O. (1875): Neue Probleme der vergleichenden Erdkunde, 14: Die Entwicklungsgeschichte der stehenden Wasser auf der Erde. Ausland, 48: 205-210 und 233-235

PETERSEN, H. (1937): Die Eigenwelt des Menschen. Leipzig.

PINKA,E.K.(1974): Evolutionary Ecology. New York.

Protestversammlung gegen die Verunreinigung der Flüsse des Elbegebiets durch die Endlaugen der Kaliindustrie in Naumburg a.S. 12.11.1911.

RICHTER, E. (1892): Die Temperaturverhältnisse der Alpenseen. - 9. Dtsch. Geogr. Tag., Wien.

RIEDL,R.(1990) Die Ordnung des Lebendigen. München Zürich.

RIGLER,F.H.(1975): Chemical Limnology: Nutrient Kinetics an d the New Typology. Internat. Verein. Limnol. Verh., 19: 197-210

RUTTNER, F. (1931a): Hydrographische und hydrochemische Beobachtunen auf Java, Sumatra und Bali. - Arch. f. Hydrobiol. Suppl. Bd. VIII.

RUTTNER, F. (1931b): Die Schichtung in tropischen Seen. - Verh. Int. Ver. f. theor. und ang. Limnologie 5.

RUTTNER,F. (1940): Grundriß der Limnologie. Hydrobiologie des Süßwassers. Berlin 1940.

SCHEELE, M. (1955): Die Massenentwicklung salzliebender planktischer Kieselalgenarten in Werra und Weser. - Arch. f. Hydrobiol. Bd. 51/2/161

SCHMARDA (1853): Die geographische Verbreitung der Tiere. Wien.

SCHMEIL, O. (1897): Über die Reformbestrebungen auf dem Gebiete des naturgeschichtlichen Unterrichts. Stuttgart.

SCHRAMM,E.(Hrg.) (1984): Ökologielesebuch. Frankfurt/Main.

SCHWOERBEL, J. (1984): Einführung in die Limnologie. Stuttgart.

SELLERY, G.C. (1956): E.A. Birge. A Memoir. Madison.

SHELFORD, V.E. (1914): An experimental study of the behavior agreement among animals of an animal community. - Biological Bulletin. 26. No.5

SIMONY, F. (1850): Die Seen des Salzkammergutes. - S.B. Akad. Wiss. Wien, Math.-nat. Kl.4, 542-566.

SMOLIAN, K. (1920): Merkbuch der Binnenfischerei. Berlin.

SMUTS, Ch. (1938): Die holistische Welt. Berlin.

STEFFENS, W. (1986): Binnenfischerei. Produktionsverfahren. Berlin.

STEINERT, H. (1989): Seenforschung in zwei Wassersäulen. In: Berichte aus der Wissenschaft vom 7.2. 1989. S.1-3 Deutscher Forschungsdienst. Bonn.

STELEANU, A. (1989): Geschichte der Limnologie und ihrer Grundlagen. Frankfurt/Main

STIASNY, G. (1913): Das Plankton des Meeres. Berlin und Leipzig.

STROHL, J. (1921): Physiologische Gesichtspunkte in der Tiergeographie. - Vierteljahresschr. Naturf. Ges. Zürich. 66. 1-22.

STUGREN, B. (1974, 2. Aufl. 1978, 3. Aufl.): Grundlagen der allgemeinen Ökologie. Jena.

TANSLEY, A.G. (1935): The Use and Abuse of Vegetational Concepts and Terms. - Ecology 16. 284-307.

TASCHDADJAN, E. (Hrg.) (1976): Perspectives of General Systems Theory. Scientifical-philosophical Studies. New York.

Tätigkeitsbericht der Max-Planck-Gesellschaft. - Die Naturwissenschaften. Heft 16 1951 (Jg.38) 378-379.

Tätigkeitsbericht der Max-Planck-Gesellschaft. - Die Naturwissenschaften. Heft 24 1956 Jg. 43. 559-560.

THIENEMANN, A. (1904a): Trichopteren-Fauna von Tirol. - Allgem. Zeitschr. für Entomologie. Bd.9 No.11/12 S. 209-215 und no. 13/14 S. 257-262

THIENEMANN, A. (1904b): Ptilocolepsus granulatus Pt. Eine Übergangsform von den Rhyacophiliden zu den Hydroptiliden. - Allg. Zeitschr. für Entomol. Bd. 9 No. 21/22. 418-424 No. 23/24. 437-441

THIENEMANN, A. (1905): Biologie der Trichopteren-Puppe. - Zoolog. Jahrbücher. Bd. 22. Heft 5. 489-574. Jena.

THIENEMANN, A. (1906a): Die Alpenplanarie am Ostseestrand und die Eiszeit. - Zool. Anzeiger Bd. XXX No. 16)

THIENEMANN, A. (1906b): Planaria auf Rügen und die Eiszeit. - X. Jahresbericht der Geograph. Gesellsch. zu Greifswald

THIENEMANN, A. (1906c): Lebende zeugen der Eiszeit in den Binnengewässern Norddeutschlands. - Wochenschrift III. Jahrg. Nr. 39, 42, 43,44,45, vom 25.9. und 16, 23 30.10. und 6.11.

THIENEMANN, A. (1907): Über die Veränderung des Klimas in Europa seit der Eiszeit. - Natur und Schule VI. Leipzig.

THIENEMANN, A. (1909): Bericht über die Tätigkeit der Landwirtschaftlichen Versuchsstation Münster i.Westfalen im Jahre 1909.

THIENEMANN, A. (1909): Die Stufenfolge der Dinge, der Versuch eines natürlichen Systems der Naturkörper aus dem 18. Jahrhundert. - Zool. Annalen 3

THIENEMANN, A. (1909): Vorläufige Mitteilungen über Probleme und Ziele der biologischen Erforschung der neun westfälischen Talsperren. - Ber. über die Versamml. des Botan. u. des Zool. Ver. f. Rheinl.-Westf., Jg. 1909, 101-108

THIENEMANN, A. (1911): Landwirtschaftliche Jahrbücher. - Zeitschr. f. wissensch. Landw. und Arch. d. Königl. Preuss. Landes-Ökonomie-Kollegiums. Herausgeber Dr.H.THIEL.

THIENEMANN, A. (1911/12): Die Tierwelt der Bäche des Sauerlandes. - 40.Jahresbericht des Westfäl. Provinzialvereins f. Wissensch. u. Kunst. Münster i. Westfalen. 43-83.

THIENEMANN, A. (1912 und 1913): Physikalische und chemische Untersuchungen in den Maaren der Eifel I und II. - Verh. Nathist. Ver. d. preuß. Rheinlands und Westfalens, Bd.70 und 71.

THIENEMANN, A. (1912): Der Bergbach des Sauerlandes. Faunistisch-biologische Untersuchungen. - Int. Rev. d. Hydrobiol. Biol. Suppl. IV Ser. 1-125.

THIENEMANN, A. (1912b): Manuskript zu Tiergeographievorlesung 1912/13 aus dem Bestand von Prof. E.J.FITTKAU. München.

THIENEMANN, A. (1913): Physikalisch-chemische Untersuchungen in den Maaren der Eifel I. - Sonderabdruck aus den Verhandlungen der Naturhistorischen Vereins der preußischen Rheinlande und Westfalens.

THIENEMANN, A. (1913a): Die Faktoren, welche die Verbreitung der Süßwasserorganismen regeln. - Arch. f. Hydrobiol. VIII. 267-288

THIENEMANN, A. (1914): Das Auftreten des Niphargus in oberirdischen Gewässern. - Zoolog. Anzeiger Bd. XLIV, Nr. 3 vom 17.4.1914.

THIENEMANN, A. (1915): Physikalisch-chemische Untersuchungen in den Maaren der Eifel II. - Sonderabdruck aus den Verhandlungen der Naturhistorischen Vereins der preußischen Rheinlande und Westfalens 1914. Bonn.

THIENEMANN, A. (1919): Über die vertikale Schichtung des Planktons und die Planktonproduktion der anderen Eifelmaare. - Sonder-Abdruck aus den Verhandlungen des Naturhistor. Vereins der preuß. Rheinlande und Westfalens 74. 103-135

THIENEMANN, A. (1921): Über Euporobothria bohemica (Vejd.). - Zoolog. Anzeiger. Bd. LIIL Nr.5/6 vom 9. September 1921

THIENEMANN, A. (1921a): Biologische Seetypen und die Gründung einer Hydrobiologischen Anstalt am Bodensee. - Arch. f. Hydrobiol. 13. 347-370.

THIENEMANN, A. (1921b): Seetypen. - Die Naturwissenschaften. Wochenschrift für die Fortschritte der Naturwissenschaft, der Medizin und der Technik. Heft 18. 289-358. 6.5.1921. Berlin. 343-346.

THIENEMANN, A. (1922): Hydrobiologische Untersuchungen an Quellen. - Arch. f. Hydrobiol. Band XIV. 151-190.

THIENEMANN, A. (1923): Die biologische Untersuchung der Abwässer. - KÖNIG,J.(Hrgb.): Die Untersuchung landwirtschaftlicher und landwirtschaftlichgewerblich wichtiger Stoffe. 791-820 1.Band Die Untersuchung landwirtschaftlich wichtiger Stoffe. Berlin.

THIENEMANN, A. (1925): Die Binnengewässer. Eine limnologische Einführung.Darstellung der Limnologie. Die Binnengewässer Europas. Band I. Stuttgart.

THIENEMANN, A. (1925a): Grundsätze für die faunistische Erforschung der Heimat. - Nordelbingen. Beiträge zur Heimatforschung in Schleswig-Holstein, Hamburg und Lübeck. 210-224.

THIENEMANN, A. (1926): Vom Laacher See und seinen Silberfelchen. In: Kosmos. 23.Jahrgang. Heft 4. 136-141.

THIENEMANN, A. (1926): Zwei tiergeographische Probleme aus unserer Bach- und Quellfauna. - Mikrokosmos, 19. Jahrgang 1925/26, Heft 7. Stuttgarts.126-131.

THIENEMANN, A. (1927): Der Bau des Seebeckens in seiner Bedeutung für den Ablauf des Lebens im See. - Verhandl. d. Zoologisch-Botanischen Gesellschaft in Wien. 77.Bd.87-91

THIENEMANN, A. (1927): Zehn Jahre Hydrobiologische Anstalt Plön der Kaiser Wilhelm-Gesellschaft. - Die Naturwissenschaften. 15. Jahrg., Heft 37 Berlin

THIENEMANN, A. (1928): Der Sauerstoff im eutrophen und oligotrophen See. Stuttgart.

THIENEMANN, A. (1928): Die nordamerikanische Planaria maculata Leidy in Deutschland. - Arch. f.Hydrobiol. XIX. 366-368

THIENEMANN, A. (1928): Lebensraum und Lebensgemeinschaft. - Aus der Heimat 41. 33-51

THIENEMANN, A. (1929): Walter Voigt. - Arch. f. Hydrobiol. XX. 338

THIENEMANN, A. (1930): Die Deutsche Limnologische Sunda-Expedition. - Deutsche Forschung. Aus der Arbeit der Notgemeinschaft der Deutschen Wissenschaft. Heft 13.

THIENEMANN, A. (1931): Der Produktionsbegriff in der Biologie.- Arch. f. Hydrobiol. XXII.616-622.

THIENEMANN, A. (1931): Die Hydrobiologische Anstalt der Kaiser-Wilhelm-Gesellschaft. - Forschungsinstitute, ihre Geschichte, Organisation und Ziele. Hamburg.

THIENEMANN, A. (1931): Forschungsreisen auf Java, Sumatra und Bali. - Die Medizinische Welt. Berlin Nr.10 u.12

THIENEMANN, A. (1932): Grundwasserschwankungen in Norddeutschland. - Die Naturwissenschaften 1932. 20.Jahrg. Heft 22/24. 426-428.

THIENEMANN, A. (1932): Tropische Seen und Seetypenlehre. - Arch. f. Hydrobiol. Suppl. Bd. IX. Tropische Binnengewässer, Band II. 205-231

THIENEMANN, A. (1933): Ertrinkende Wälder. - Natur und Museum. Heft 2. 41-48.

THIENEMANN, A. (1933): Sind die großen Alpenseen alkalitroph? Arch. f. Hydrobiol. XXV. 48-53.

THIENEMANN, A. (1934): Die Bedeutung der Limnologie für die Kultur der Gegenwart. Vortrag gehalten am 14.3. 1934 in Kungl. Fysiografiska Sällskapet in Lund. - Kungl. Fysiografiska Sällskapet I Lund förhanlingar Bd.4 Nr.19

THIENEMANN, A. (1936): Hydrobiologische Anstalt der Kaiser-Wilhelm-Gesellschaft in Plön. - 25 Jahre Kaiser Wilhelm-Gesellschaft zur Förderung der Wissenschaften. Band II: Die Naturwissenschaften. Berlin.

THIENEMANN, A. (1937): "Lebensgemeinschaft und Lebensraum". Dieses Manuskript ist im Plöner MPI für Limnologie archiviert und enthält eine Vorlesungsankündigung für das Wintersemester 1937/38. Die Vorlesung ist gemeinsam mit Professor LENZ gehalten worden.

THIENEMANN, A. (1937): Die Schlei und ihre Fischereiwirtschaft. - Schriften des Naturwissenschaftlichen Vereins für Schleswig-Holstein. Band XII Heft 1. 191-208

THIENEMANN, A. (1937): EINAR NAUMANN. Ein Forscherleben im Dienste der Limnologie. - Verhandl. der. Internat. Verein. f. theoret. u. angew. Limnologie. Congres de France

THIENEMANN, A. (1939): Grundzüge einer allgemeinen Ökologie. Stuttgart.

THIENEMANN, A. (1941): Leben und Umwelt. Leipzig.

THIENEMANN, A. (1949): Veränderungen der Tricladenfauna der Quellen am Diek-see und Kellersee in Holstein von 1918 bis 1948. - Sonderdruck aus Schriften des Naturwissenschaftlichen Vereins für Schleswig-Holstein Band XXIV Heft 1 30-38

THIENEMANN, A. (1950): Naturanschauung und Naturwissenschaft. - Naturwissenschaftliche Rundschau. 3. Jahrgang. Januar 1950. Heft 1.

THIENEMANN, A. (1950): Verbreitungsgeschichte der Süsswasserwelt Europas. Stuttgart

THIENEMANN, A. (1951): Vom Gebrauch und vom Mißbrauch der Gewässer in einem Kulturlande. Arch. f. Hydrobiol. XLV. 557-583

THIENEMANN, A. (1952): Särtryck ur Vattenhygien nr 2, 25-43

THIENEMANN, A. (1953): Ohne Wasser gibt es kein Leben. Ost-Holsteinisches Tageblatt/Plöner Zeitung Nr.165 18.7.1953

THIENEMANN, A. (1954): Chironomus. Leben und wirtschaftliche Bedeutung der Chironomiden.

THIENEMANN, A. (1954a): Ein drittes biozönotisches Grundprinzip. - Arch.f.Hydrobiol. 49,3, 421-422.

THIENEMANN, A. (1954b): Lebenseinheiten. Ein Vortrag. - Abh. naturw. Verein. Bremen. 33,3.

THIENEMANN, A. (1954d): Die Limnologische Station Niederrhein, ihre Geschichte und ihre Aufgabe. - Arch. f. Hydrobiol. 48,4, 549-555.

THIENEMANN, A. (1955): Die Binnengewässer in Natur und Kultur. Berlin/Göttingen/Heidelberg

THIENEMANN, A. (1956): Leben und Umwelt. Hamburg.

THIENEMANN, A. (1959): Erinnerungen und Tagebuchblätter eines Biologen. Stuttgart.

THIENEMANN, A. (Undat.): Die begriffliche Unterscheidung zwischen See, Weiher, Teich. Undatiertes Exemplar aus dem Bestand von E.J. FITTKAU. 3 Seiten. Sicher nach 1925 verfaßt.

THIENEMANN, A.(1954): Die Limnologische Station Niederrhein, ihre Geschichte und ihre Aufgaben. - Arch. f. Hydrobiol. 48,4, 549-555 Stuttgart

THIENEMANN, A.: Lebensgemeinschaft und Lebensraum - Naturwissenschaftliche Wochenschrift N.F. 17

THIENEMANN, A.: Lebensraum und Lebensgemeinschaft - Aus der Heimat 41, 33-51

TOBEY,R.C.(1981): Saving the Prairies: The Life Cycle of the Founding School of American Plant Ecology, 1985-1955. Berkeley.

TREPL, L. (1987): Geschichte der Ökologie. Frankfurt/Main 1987

TSCHULOK, S. (1922): Deszendenzlehre. Ein Lehrbuch auf historisch-kritischer Grundlage. Jena.

UEXKÜLL, J.v. (1940): Bedeutungslehre. Hamburg .

UEXKÜLL, J.v. (1973): Theoretische Biologie.Frankurt/Main .

UEXKÜLL, J.v. (1980): Kompositionslehre der Natur. Frankfurt/M. - Berlin - Wien.

ULE (1925): Physiogeographie des Süßwassers. Leipzig und Wien.

UTERMÖHL,H. (1958): Zur Vervollkommnung der quantitativen Phytoplankton-Methodik. - Mitt. Int. Verein. Limnol. 9: 1-38

VALLE, (1927): Acta Zool. Fenn. 2. Helsingfors.

VISCHER, F.TH. (1904): Auch Einer. Volksausgabe.

VOGEL, S. (1972): Komplementarität in der Biologie und ihr anthropologischer Hintergrund. - GADAMER, H.G., VOGLER,P.: (Hrg.): Neue Anthropologie, Bd. 1: Biologische Anthropolgie (1.Teil. 152-194 München

VOIGT,W. (1904): Über die Wanderungen der Strudelwürmer in unseren Gebirgsbächen. Mit 9 Textfig. - Verhandl. d. Naturhist. Ver. preuss. Rheinlande, Westfalens u. Reg. Bez. Osnabrück. Jahrg. 61, Bonn 1905

Volkszeitung, v. 1.11.1952

WAGNER, A. (1844): Die geographische Verbreitung der Säugetiere. - Abhandl. Math. Physik. Class. Bayer. Akaem. Wiss. München

WAGNER, Ad. (1907): Der neue Kurs in der Biologie. Allgemeine Erörterungen zur prinzipiellen Rechtfertigung der Lamarckschen Entwicklungslehre. Stuttgart.

WALLACE, A.R. (1876): Die geographische Verbreitung der Thiere. Dresden.

WARMING, E. (1902): Lehrbuch der ökologischen Pflanzengeographie. Berlin.

WARNECKE,G. (1936): Über die Konstanz der ökologischen Valenz einer Tierart als Voraussetzung für zoogeographische Untersuchungen. - Entomol. Rundschau. 53. Sep. Druck 1-8

WASMUND, E. (1926):Biozönose und Thanatozönose. - Arch. f. Hydrobiol. XVII. 221-336.

WEBER, H. (1937): Zur neueren Entwicklung der Umweltlehre J. v. Uexkülls. - Die Naturwissenschaften 25.

WEBER,H. 1939: Zur Fassung und Gliederung eines allgemeinen Umweltbegriffes. - Die Naturwissenschaften 27

WEIGELT,C. (1885): Die Schädigung von Fischerei und Fischzucht durch Industrie- und Hausabwässer. München.

WESENBERG-LUND, C. (1910): Grundzüge der Biologie und Geographie des Süßwasserplanktons, nebst Bemerkungen über Hauptprobleme zukünftger limnologischer Forschungen. - Int. Rev. d. ges. Hydrobiol. und Hydrographie. Biol. Suppl. I 1-44.

WIETHEGE, D. (1983): Talsperren im Sauerland und im Bergischen Land. Meinerzhagen.

WISSEL, C. (1989): Theoretische Ökologie. Berlin/Heidelberg/New York.

WOLTERECK, R. (1908): Tierische Wanderungen im Meere. - Meereskunde. Samml. volkstüml. Vortr. Berlin. 2. Jahrg. 3.Heft.

WOLTERECK, R. (1909). Weitere experimentelle Untersuchungen über Artveränderung, speziell über das Wesen quantitativer Artunterschiede der Daphniden. - Verhandl. Deutsch. Zoolog.Ges.

WOLTERECK, R. (1928): Über die Spezifizität des Lebensraumes, der Nahrung und der Körperformen bei pelgischen Cladoceren und ihre "ökologischen Gestaltprobleme". - Biol. Zentralbl. 48 521-551.

WOLTERECK, R. (1932): Grundzüge einer allgemeinen Biologie.

WOLTERECK, R. (1940): Ontologie des Lebendigen.

WORSTER, D. (1985): Nature`s economy. A history of ecological ideas. Cambridge.

WUKETITS, F.M. (1983): Biologische Erkenntnis: Grundlagen und Probleme. Stuttgart .

ZACHARIAS, O. (1898): Das Potamoplankton. Zool. Anz. 550, 41-48

ZACHARIAS, O. (1903): Über das Phytoplankton des Themsestroms. Biologisches Centralbl. Bd. 23. Nr.5. 1.3.1903.

ZIMMER,K. (1933): Über ökologische Valenz und verwandte Begriffe. S.B. Ges. naturforsch. Freunde Berlin. 256-265

ZSCHOKKE, F. (1900): Die Thierwelt der Gebirgsbäche. Chur.

ZSCHOKKE, F. (1900): Die Thierwelt der Hochgebirgsseen. Denkschrift d. Schweiz. Naturf. ges. Bd. XXXVII

ZWICK, P. (1989): Limnologische Flußstation Schlitz - The study of a rhithral ecosystem, Breitenbach. In: Limnology in the Federal Republic of Germany. Plön. 74-78